PANZER UND KETTENFAHRZEUGE
des Zweiten Weltkriegs

Illustrationen von Jean Restayn

Text von Jean Restayn, François Vauvillier,
Yves Buffetaut und Philippe Charbonnier

BECHTERMÜNZ VERLAG

1939: DER BLITZKRIEG

Deutsche Panzer in Polen, 1939	6,7
Deutsche Panzer in Frankreich, Mai-Juni 1940	8,9
Panzer der 3. und 4. Deutschen Panzerdivision 1940	10
Panzer der 3. und 7. Deutschen Panzerdivision, in Frankreich 1940	11
Panzer und Panzerkampfwagen der 7. Panzerdivision in Frankreich 1940	12
Panzer der 3. und 9. Panzerdivision, 1940	13
Die 6. Panzerdivision	14
Der Panzer II, 1939-40	15
Schützenpanzerwagen und Panzer des Panzerkorps Guderian, Frankreich 1940	16
Panzer und Sturmgeschütze, Frankreich 1940	17
Der Panzerkampfwagen 35 (t) Skoda, 1939-41	18
Der Panzerjäger I, 1940-41	19
Britische Panzer in Belgien und Frankreich 1940	20
Infanteriepanzer der britischen Expeditionsstreitkräfte, 7. Panzerregiment	21
Belgische und niederländische Panzerkampfwagen, 1940	22
Französische Sturmgeschütze vom Typ Laffly, Mai-Juni 1940	23
Leichte Panzer vom Typ 1935 R (Renault R 35)	24,25
Leichter Panzer vom Typ Renault R 40, 1940 (Abwandlung des 1935 R)	26
Die ersten französischen Panzerkampfwagen in den Ardennen	27
Französische Panzerkampfwagen	28,29
Panzer und Panzerkampfwagen der 1. Französischen Panzerdivision	30
Panzer und Panzerkampfwagen der 2. Französischen Panzerdivision	31
Panzer und Panzerkampfwagen der 3. Französischen Panzerdivision	32

1940: DER WÜSTENKRIEG

Italienische Panzerkampfwagen im Wüsteneinsatz, 1940-41	36
Italienische Panzerkampfwagen der Division „Ariete"	37
Der italienische Panzer M13/40	38
Italienische und deutsche Panzer	39
Leichte Panzerkampfwagen des Deutschen Afrikakorps	40
Leichte und mittlere Panzer	41
Deutsche und polnische Panzer III	42
Panzer III des Deutschen Afrikakorps	43
Panzer IV und Panzerjäger	44
Transportfahrzeuge der Panzerarmee Afrika	45
Die ersten britischen Panzer im Wüsteneinsatz, 1940-41	46
Leichte Panzer vom Typ Mark VI in Europa und Nordafrika	47
Französische und britische Panzerkampfwagen in Afrika, 1940-41	48
Britische Infanteriepanzer	49
Panzerkampfwagen der 8. Britischen Armee	50
Der Infanteriepanzer Matilda II	51
Crusader und leichte Fahrzeuge der 8. Armee	52
Crusader der 8. Armee	53
Amerikanische Panzer der 8. Armee	54
Britische Panzer	55
Der mittlere Panzer M3 Lee/Grant, 1942	56
Britische Transportfahrzeuge	57

1941: DIE OSTFRONT

Leichte deutsche Panzerkampfwagen	60
Deutsche Panzerfahrzeuge, Frühjahr 1941	61
Leichte deutsche Panzer, Frühjahr 1941	62
Mittlere deutsche Panzer, Frühjahr 1941	63
Der Panzer III	64
Sturmgeschütze und Panzer IV	65
Der Rußlandfeldzug der 1. Deutschen Panzerdivision, Juni 1940 bis Dezember 1942	66,67
Verschiedene deutsche Panzerfahrzeuge, Frühjahr 1941	68
Der Panzerjäger Marder III	69
Der Panzerjäger Marder III, Ausf. M	70
SdKfz 232, 233 und 263, 1939-43	71
Das Halbkettenfahrzeug SdKfz 251	72
SdKfz 251, 1941-44	73

Von deutschen Truppen eroberte sowjetische Panzer	74
T 34 und sowjetische Matilda II	75
Leichte und mittlere sowjetische Panzer, Frühjahr 1941	76, 77
Sowjetische Panzerkampfwagen	78, 79
Sowjetische Panzer, 1941-42	80
Schwere sowjetische Panzer, Frühjahr 1941	81
Schwere sowjetische Panzer und Panzerkampfwagen, 1941	82
Der Kliment Woroschilow-1A und -1B	83
Britische Transportfahrzeuge	84

1944: DIE KÄMPFE IN FRANKREICH

Der Somua s 35 und der PzKpfW IV	86
Mittlere deutsche Panzer	87
Der Panzerkampfwagen IV, Ausf. H und J	88
Deutsche „Tiger" und Raketenwerfer	89
Der Panzerkampfwagen V „Panther"	90, 91
Der Panzerkampfwagen VI „Tiger", Ausf. E	92
Die Panzerkampfwagen VI „Tiger", Ausf. E, und „Tiger II"	93
Der „Tiger" in der Normandie, Sommer 1944	94, 95
„Tiger" und Verstärkungsfahrzeuge in der Normandie, Sommer 1944	96, 97
Der abgewandelte 38 H im Normandiefeldzug	98
Deutsche Sturmgeschütze	99
Deutsche Panzerkampfwagen und Artillerietechnik	100
Das Sturmgeschütz III und die Sturmhaubitze H 42	101
Der Jagdpanzer IV und das Sturmgeschütz IV	102
Schwimmpanzer	103
Amerikanische und britische Panzer	104
Gepanzerte Spezialfahrzeuge der Alliierten	105
DUKW und Spezialpanzer	106
Britische Panzer vom Typ Churchill, Cromwell und Challenger	107
Britische Panzer vom Typ Sherman Firefly, Sherman M4 A3 und Achilles	108
Amerikanische und britische Panzer vom Typ Sherman und M3 A5	109
Amerikanische und britische Panzer	110
Britische Panzer	111
Mittlere amerikanische Panzer vom Typ M4 Sherman	112
Französische Sherman-Panzer	113
Der Sherman M4 und das Sturmgeschütz M10	114
Sherman Firefly und Sherman M4 A3	115
Stuart M3 A3 und M5 A1, Sherman M4 A3	116
Panzer und Panzerkampfwagen der Alliierten	117
US-Panzerjäger vom Typ M-10, 1943-45	118
Panzerjäger der Alliierten	119
Das Panzerfahrzeug M-8	120
Transportfahrzeuge der Alliierten	121

1944-45: DAS ENDE DES III. REICHS

Panzer und Panzerjäger	124
„Panther" und Jagdpanther im Kampf gegen Großbritannien	125
Deutsche Panzerjäger	126
Sturmgeschütze und Panzerjäger	127
Deutsche Panzerjäger	128
Deutsche Panzerjäger und Selbstfahrgeschütze	129
Französische und deutsche Panzer	130
M4 Shermans der 2. Französischen Panzerdivision	131
Panzer und Panzerjäger der 2. Französischen Panzerdivision	132
Panzerfahrzeuge der 2. Französischen Panzerdivision	133
Panzer und Panzerfahrzeuge der 5. Französischen Panzerdivision	134
M4 Shermans der 5. Französischen Panzerdivision	135
Panzerfahrzeuge und Panzer der Alliierten	136
Amerikanische Aufklärungs- und Panzerfahrzeuge	137
Fahrzeuge und Panzertechnik der 2. Französischen Panzerdivision	138
Amerikanische Panzer mit französischen Hoheitszeichen	139
Britische Panzer	140
Leichte Panzer und Panzerjäger der Amerikaner	141
M4 Shermans der US-Armee	142
Panzer und Panzerkampfwagen der Alliierten	143

1939
DER
BLITZKRIEG

Rückansicht des PzKpfW 1 Nr. 524. In der Regel fahren Panzer dieser Art am Zugende.

Position des Kreuzes vorn am PzKpfW 1.

Rückansicht eines anderen PzKpfW 1, Nr. 135, des 2. Pz.-Rgts. (Ausnahmsweise ist hier die Fahrzeugnummer nicht unterstrichen.) In diesem Fall fehlt die Nummer auf der Motorabdeckung.

Dieser PzKpfW 1, Ausführung B (SdKfz 101) der 5. Kompanie, 2. Bataillon des 1. Pz.-Rgts. wurde bereits am 4. September 1939 südlich von Petrikau zerstört. Der Turm ist sowohl vorn als auch hinten mit einem weißen Kreuz markiert. Die hohe Zahl dieses Panzers weist darauf hin, daß er innerhalb des Zuges von untergeordneter Bedeutung war. Seine Panzerung (max. 18 mm) bot lediglich Schutz gegen Gewehrfeuer und kleine Splitter.

Dieser PzKpfW II, Ausf. C (SdKfz 121) gehörte dem 1. Bataillon des 2. Pz.-Rgts. an. Die Kennzeichnung unterscheidet sich von der des 1. Pz.-Rgts. erstens durch den weißen Strich unter der seitlichen Zahl und zweitens durch ein weißes Kreuz an der Rückseite des Turms, das bei den PzKpfW I und II nach links versetzt ist *(vgl. Rückansicht rechts)*.

Beim PzKpfW II, Nr. 241, folgt der hinteren Zahl ein weißer Punkt als Zeichen für den Zugführer.

Von diesem PzKpfW III, Ausf. A, wurden lediglich zehn Stück gebaut. Er gehörte dem 2. Zug, 2. Kompanie des 1. Pz.-Rgts. an. Die Zahl paßt nicht in die bislang bekannten Formationstheorien. Die plausibelste Erklärung ist der Austausch des PzKpfW III der Kompanie, die in der Heimat stationiert blieb, durch die PzKpfW I und II anderer Kompanien des gleichen Bataillons.

DEUTSCHE PANZER IN POLEN, 1939

Das weiße Kreuz bot ein ideales Ziel, so daß es bald entweder mit Schlamm verschmiert, in verschiedenen Grautönen überstrichen oder abgekratzt bzw. auf verschiedene Weise unkenntlich gemacht wurde. Die 1. Pz.-Div. benutzte niemals gelbe Farbe für ihre Kreuze.

Ein PzKpfW III, Ausf. D (SdKfz 141) mit einem 3,7-cm-Geschütz, aber dünner Panzerung. Es gehörte der 2. Kompanie, 1. Bataillon des 1. Pz.- Rgts. an. Dieser Panzer wurde am 16. September 1939 bei Bzura durch einen direkten Treffer in die Kettenräder auf der rechten Seite außer Gefecht gesetzt, konnte aber nach schneller Reparatur bis zum Ende an dem Feldzug teilnehmen.

Position des vorderen Kreuzes beim PzKpfW II.

Rückansicht eines anderen PzKpfW II, Nr. 311, eines Zugführers (senkrechter weißer Streifen) der 3. Kompanie des 1. Pz.-Rgts.

Der Turm des PzKpfW IV, Ausf. B, von Hauptmann von Köcheritz, Kommandeur der 8. Kompanie, 2. Bataillon des 1. Pz.-Rgts. (In der Regel ist der weiße Strich unter der Zahl allerdings das Kennzeichen des 2. Pz.-Rgts.) Hingewiesen sei auf das Fehlen des weißen Kreuzes an der Seite des Turms und auf den waagerechten weißen Doppelstreifen an der Rückseite als Zeichen für den Kompanieführer.

Ein PzKpfW IV, Ausf. A (Modell von 1935), der 4. Kompanie, 1. Bataillon des 1. Pz.-Rgts. Das weiße Kreuz und die Panzernummer (2. Panzer des 1. Zuges der 4. Kompanie) sind auch hinten am Turm verzeichnet. Der PzKpfW IV war der leistungsfähigste Panzer der deutschen Wehrmacht in Polen. Sein einziger Schwachpunkt war die extrem dünne Panzerung, die bei Typ A vorn lediglich 20 mm und an den Seiten 15 mm betrug.

DEUTSCHE PANZER IN FRANKREICH, MAI–JUNI 1940

Position des Formationszeichens an einem der seltenen PzKpfW I, die im Mai-Juni 1940 noch von der Panzerdivision Frankreich eingesetzt.

Verschiedene Kennzeichen:

a) Balkankreuz der meisten Panzer im Polenfeldzug: breite weiße Streifen mit engem Abstand, der teilweise panzergrau ausgemalt wurde; alte Kreuzform.

Ein PzKpfW I der 3. Kompanie (1. Zug, Panzer 4) des 1. Pz.- Rgts. Sie war die einzige Gefechtskompanie der 1. Pz.-Div., bei der noch einige Panzer dieses Typs eingesetzt wurden.

Ein PzKpfW II der 8. Kompanie des 2. Pz.-Rgts. Das weiße Kreuz oben auf dem Turm ist ein Hinweis auf den Einsatz des Panzers im Polenfeldzug. Dieses Luftaufklärungskreuz kam nur selten zum Einsatz.

b) Balkankreuz der neuen Panzer, die nach dem Polenfeldzug in Dienst gestellt wurden (vor allem PzKpfW II, Ausf. E und F).

c) Kreuz auf der Oberseite einiger Türme zur besseren Erkennung aus der Luft.

Ein PzKpfW II, Ausf. C, der II. Abteilung des 2. Pz.-Rgts. (5. Kompanie, 1. Zug, Panzer 4). Das weiße Balkankreuz ist auf einem panzergrauen Untergrund angebracht. Am Turm ist das Kreuz weiß ausgemalt.

Position des Eichenblatts an der Turmstirnseite der PzKpfW II; hier im Bild der Panzer 201.

Rückansicht des Turms des gleichen PzKpfW II, Nr. 201, mit Formationszeichen.

Beispiele für die Nummern einiger PzKpfW IV der 4. Kompanie des 1. Pz.-Rgts.

Seitenansicht des PzKpfW II, Ausführung C, Nr. 201 (Stab der 2. Kompanie), 1. Abteilung des 2. Pz.-Rgts. Der Punkt nach der Zahl ist typisch für dieses Regiment.

Formationszeichen der 1. Pz.-Div. im Jahre 1940 im Detail.

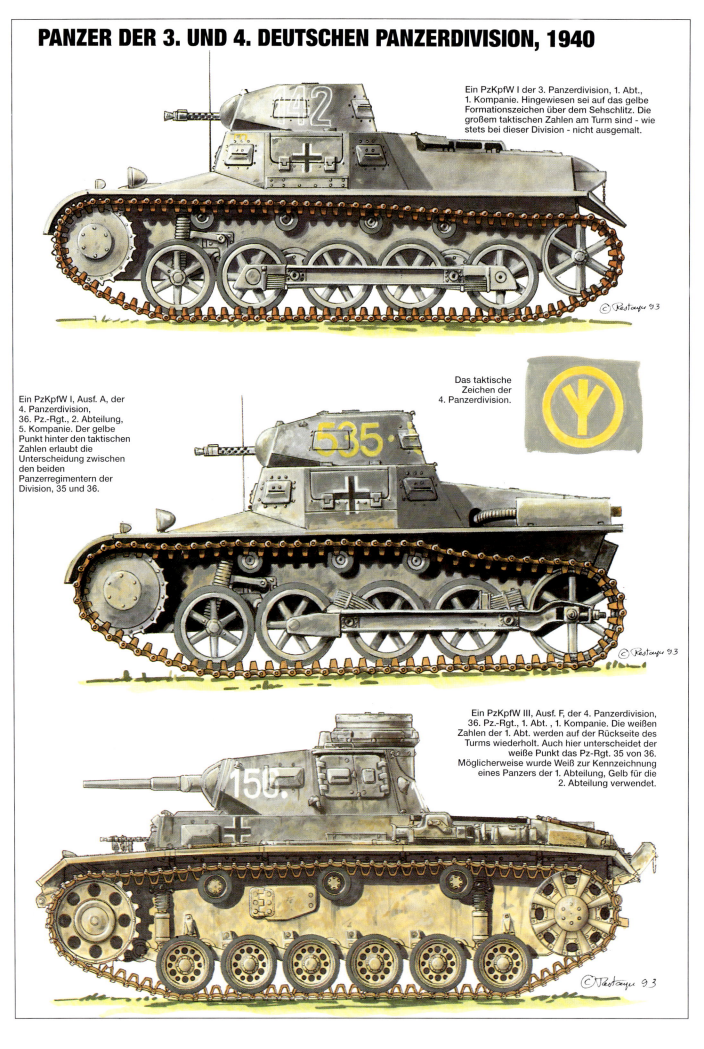

PANZER DER 3. UND 7. DEUTSCHEN PANZERDIVISION IN FRANKREICH, 1940

Dieser PzKpfW 38 (t) der 7. Panzerdivision gehörte zur 1. Abteilung (2. Kompanie) der Panzerabteilung 25 von Oberst Rothenburg. Zu Beginn des Maifeldzuges 1940 besaß Rommels Division insgesamt 219 Panzer, davon 106 PzKpfW 38 (t). Dieser PzKpfW 38 (t) ist, wie alle übrigen Panzer der Division, mit großen taktischen Zahlen in Rot mit weißer Umrahmung gekennzeichnet.

Ein sIG 33 SPG der sIG-Kompanie 705 (7. Panzerdivision). Im Gegensatz zu Panzern sind diese 150-mm-Selbstfahrgeschütze nicht mit den großen, roten taktischen Zahlen mit weißer Umrahmung gekennzeichnet. Die sIG-Kompanie 705 wurde später der 5. Schützenbrigade zugeordnet. Ein weiteres Geschütz dieser Einheit war die sog. „Bismarck", wobei der Buchstabe „B" sicherlich auf eine Batterie verweist. Überraschenderweise für ein Selbstfahrgeschütz wurde das Geschütz komplett, d.h. einschließlich seiner ursprünglichen Räder, in das SPG eingebaut.

Ein PzKpfW IV, Ausf. D, der 3. Panzerdivision, 1. Abteilung, 4. Kompanie.

PANZER UND PANZERKAMPFWAGEN DER 7. DEUTSCHEN PANZERDIVISION IN FRANKREICH, 1940

Dieser graue PzKpfW I der 7. Pz.-Div. gehörte zur 1. Abteilung, 1. Kompanie. Er ist eigentlich mehr Panzerspähwagen als Panzer. Wegen seiner dünnen Panzerung und geringen Bewaffnung spielte er nur eine untergeordnete Rolle.

Ein SdKfz 231 der 7. Pz.-Div., das mehr einem gepanzerten Lkw als einem echten Mehrzweckfahrzeug gleicht. Es wurde nach kurzer Zeit durch eine Achtradversion ersetzt.

Details der farbigen Markierungen des Panzerkampfwagens: gelb das Formationszeichen, weiß das taktische Zeichen einer Panzerspähwagenkompanie.

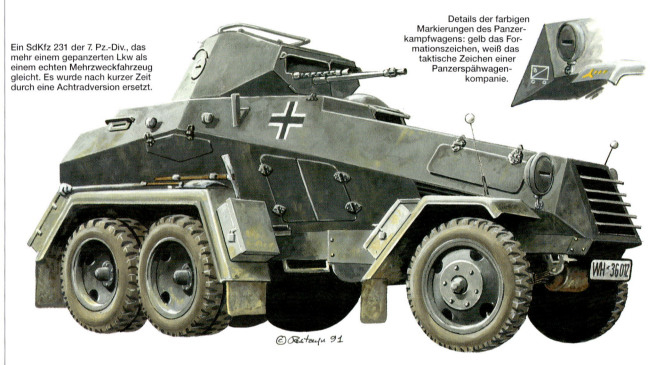

Ein Skoda 38 der 7. Pz.-Div. Dieser ausgezeichnete und äußerst zuverlässige Panzer wurde von Rommel auf besonders schwierigem Terrain bevorzugt. Seine Bewaffnung galt 1940 als sehr effizient. Das durchkonstruierte Fahrgestell wurde während des gesamten Krieges - von den schwedischen Streitkräften sogar bis 1974 - eingesetzt.

Detail des Formationszeichens auf dem Rumpf des PzKpfW 38 (t).

PANZER DER 3. UND 9. DEUTSCHEN PANZERDIVISION, 1940

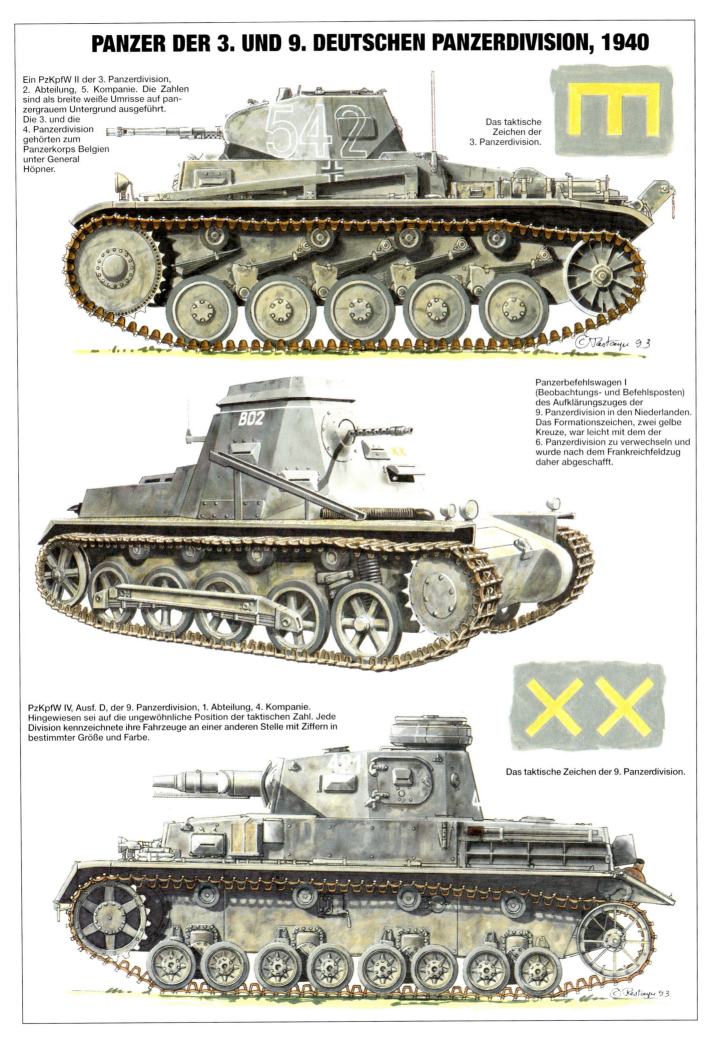

Ein PzKpfW II der 3. Panzerdivision, 2. Abteilung, 5. Kompanie. Die Zahlen sind als breite weiße Umrisse auf panzergrauem Untergrund ausgeführt. Die 3. und die 4. Panzerdivision gehörten zum Panzerkorps Belgien unter General Höpner.

Das taktische Zeichen der 3. Panzerdivision.

Panzerbefehlswagen I (Beobachtungs- und Befehlsposten) des Aufklärungszuges der 9. Panzerdivision in den Niederlanden. Das Formationszeichen, zwei gelbe Kreuze, war leicht mit dem der 6. Panzerdivision zu verwechseln und wurde nach dem Frankreichfeldzug daher abgeschafft.

PzKpfW IV, Ausf. D, der 9. Panzerdivision, 1. Abteilung, 4. Kompanie. Hingewiesen sei auf die ungewöhnliche Position der taktischen Zahl. Jede Division kennzeichnete ihre Fahrzeuge an einer anderen Stelle mit Ziffern in bestimmter Größe und Farbe.

Das taktische Zeichen der 9. Panzerdivision.

DIE 6. PANZERDIVISION

Ein PzKpfW IV der 6. Pz.-Div. Hierbei handelt es sich um den besten Panzer, den die deutsche Wehrmacht 1940 ins Feld schickte. Seine Panzerung und sein hervorragendes 75-mm-Geschütz machten ihn zu einem ernst zu nehmenden Gegner. Allerdings reichte ihre Anzahl nicht aus, um Schlachten entscheidend beeinflussen zu können.

Detail der Kennzeichnung am Rumpf neben dem Maschinengewehr.

Ein PzKpfW II einer 1. Kompanie der 6. Panzerdivision.

Ein Skoda-PzKpfW 35 (t) der 6. Pz.-Div. (65. Panzerabteilung). Dieses Fahrzeug durchbrach bei einem Überraschungsangriff die französische Frontlinie in der Gegend von Brunehamel (50 km westlich von Monthermé). Nach erbitterten Kämpfen wurden 1000 französische Soldaten gefangengenommen.

Detail des Formationszeichens auf der Vorderseite des Rumpfes.

SCHÜTZENPANZERWAGEN UND PANZER DES PANZERKORPS GUDERIAN, FRANKREICH 1940

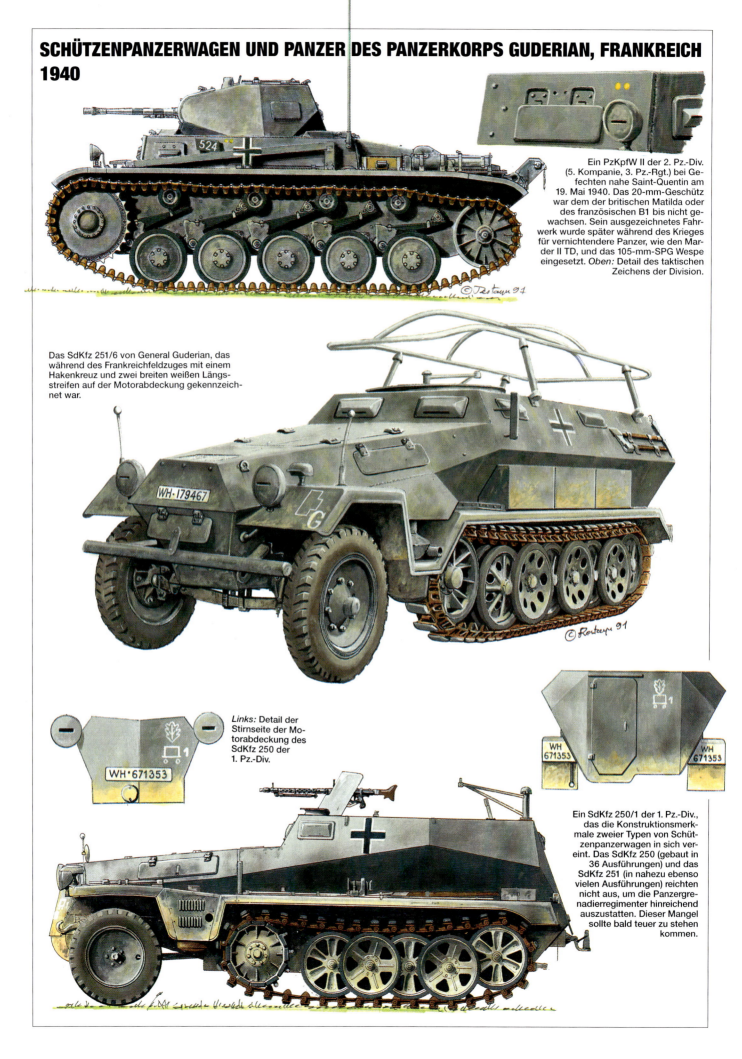

Ein PzKpfW II der 2. Pz.-Div. (5. Kompanie, 3. Pz.-Rgt.) bei Gefechten nahe Saint-Quentin am 19. Mai 1940. Das 20-mm-Geschütz war dem der britischen Matilda oder des französischen B1 bis nicht gewachsen. Sein ausgezeichnetes Fahrwerk wurde später während des Krieges für vernichtende Panzer, wie den Marder II TD, und das 105-mm-SPG Wespe eingesetzt. *Oben:* Detail des taktischen Zeichens der Division.

Das SdKfz 251/6 von General Guderian, das während des Frankreichfeldzuges mit einem Hakenkreuz und zwei breiten weißen Längsstreifen auf der Motorabdeckung gekennzeichnet war.

Links: Detail der Stirnseite der Motorabdeckung des SdKfz 250 der 1. Pz.-Div.

Ein SdKfz 250/1 der 1. Pz.-Div., das die Konstruktionsmerkmale zweier Typen von Schützenpanzerwagen in sich vereint. Das SdKfz 250 (gebaut in 36 Ausführungen) und das SdKfz 251 (in nahezu ebenso vielen Ausführungen) reichten nicht aus, um die Panzergrenadierregimenter hinreichend auszustatten. Dieser Mangel sollte bald teuer zu stehen kommen.

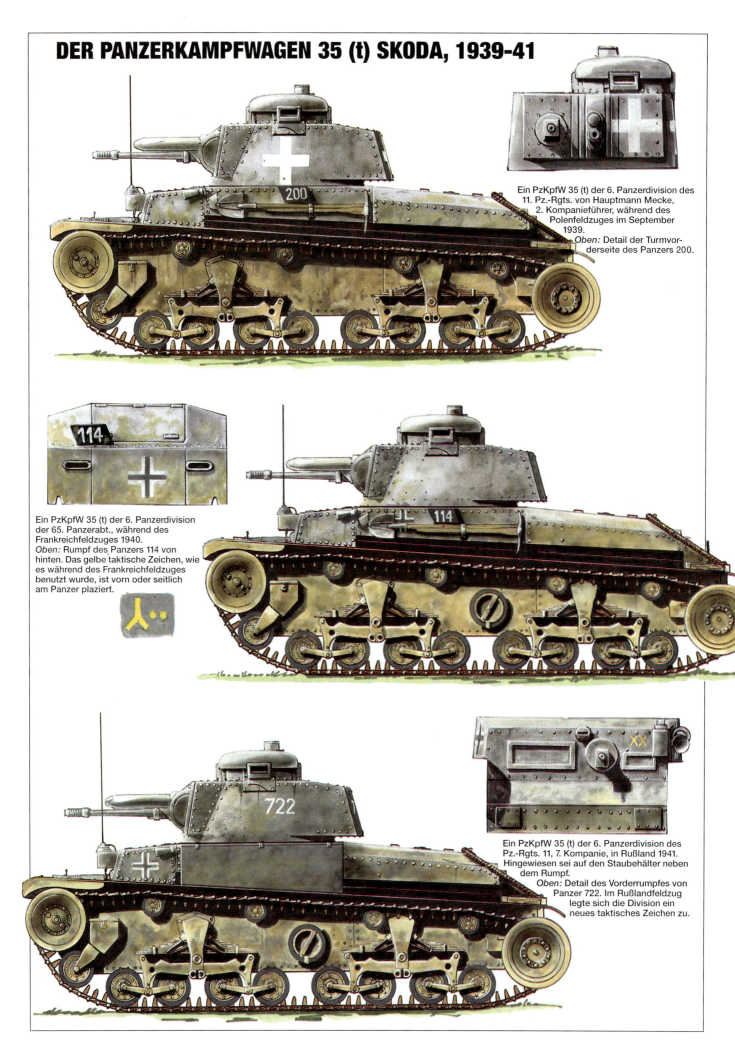

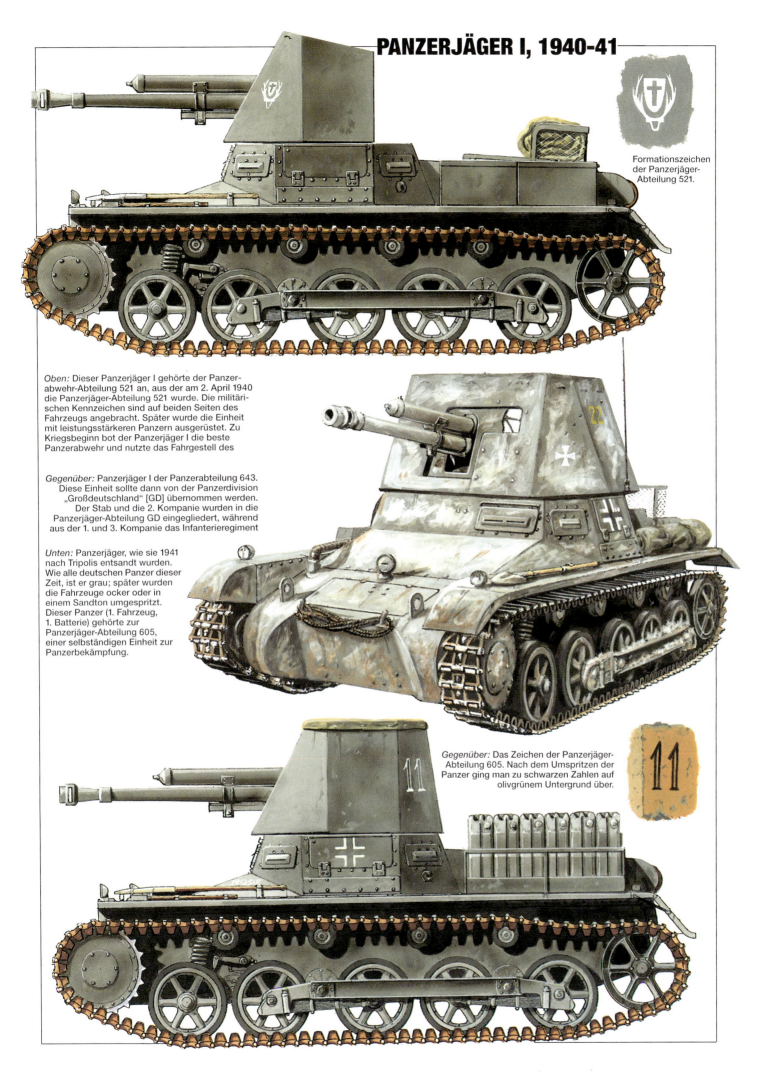

PANZERJÄGER I, 1940-41

Formationszeichen der Panzerjäger-Abteilung 521.

Oben: Dieser Panzerjäger I gehörte der Panzerabwehr-Abteilung 521 an, aus der am 2. April 1940 die Panzerjäger-Abteilung 521 wurde. Die militärischen Kennzeichen sind auf beiden Seiten des Fahrzeugs angebracht. Später wurde die Einheit mit leistungsstärkeren Panzern ausgerüstet. Zu Kriegsbeginn bot der Panzerjäger I die beste Panzerabwehr und nutzte das Fahrgestell des

Gegenüber: Panzerjäger I der Panzerabteilung 643. Diese Einheit sollte dann von der Panzerdivision „Großdeutschland" [GD] übernommen werden. Der Stab und die 2. Kompanie wurden in die Panzerjäger-Abteilung GD eingegliedert, während aus der 1. und 3. Kompanie das Infanterieregiment

Unten: Panzerjäger, wie sie 1941 nach Tripolis entsandt wurden. Wie alle deutschen Panzer dieser Zeit, ist er grau; später wurden die Fahrzeuge ocker oder in einem Sandton umgespritzt. Dieser Panzer (1. Fahrzeug, 1. Batterie) gehörte zur Panzerjäger-Abteilung 605, einer selbständigen Einheit zur Panzerbekämpfung.

Gegenüber: Das Zeichen der Panzerjäger-Abteilung 605. Nach dem Umspritzen der Panzer ging man zu schwarzen Zahlen auf olivgrünem Untergrund über.

BRITISCHE PANZER IN BELGIEN UND FRANKREICH, 1940

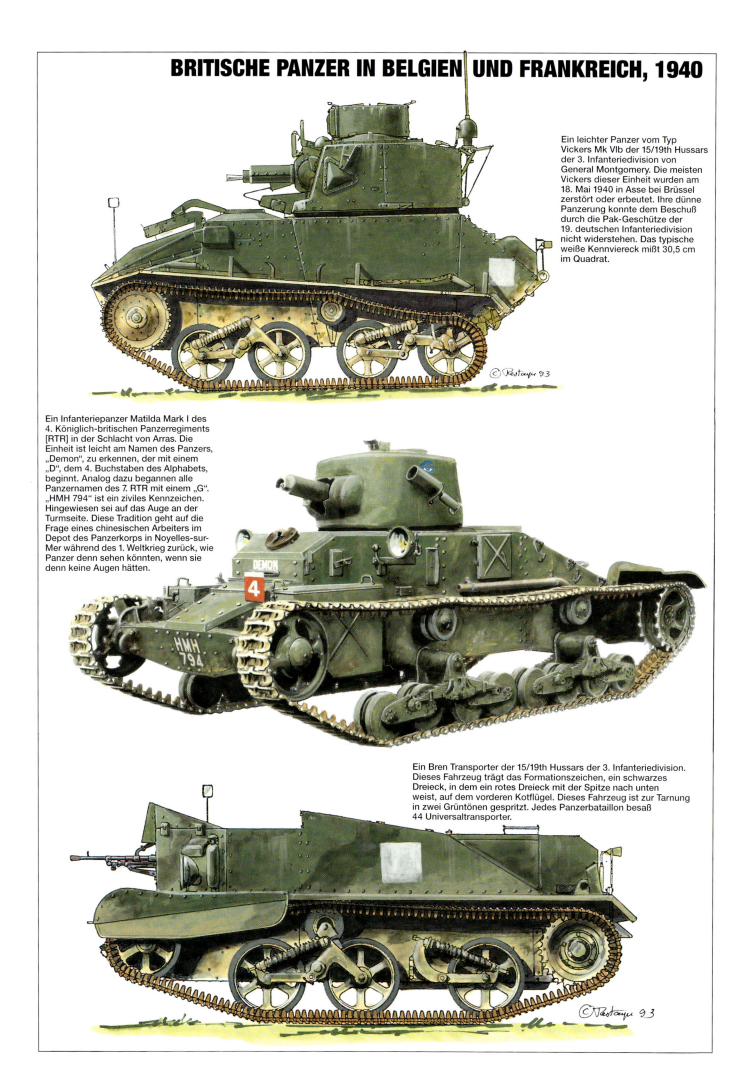

Ein leichter Panzer vom Typ Vickers Mk VIb der 15/19th Hussars der 3. Infanteriedivision von General Montgomery. Die meisten Vickers dieser Einheit wurden am 18. Mai 1940 in Asse bei Brüssel zerstört oder erbeutet. Ihre dünne Panzerung konnte dem Beschuß durch die Pak-Geschütze der 19. deutschen Infanteriedivision nicht widerstehen. Das typische weiße Kennviereck mißt 30,5 cm im Quadrat.

Ein Infanteriepanzer Matilda Mark I des 4. Königlich-britischen Panzerregiments [RTR] in der Schlacht von Arras. Die Einheit ist leicht am Namen des Panzers, „Demon", zu erkennen, der mit einem „D", dem 4. Buchstaben des Alphabets, beginnt. Analog dazu begannen alle Panzernamen des 7. RTR mit einem „G". „HMH 794" ist ein ziviles Kennzeichen. Hingewiesen sei auf das Auge an der Turmseite. Diese Tradition geht auf die Frage eines chinesischen Arbeiters im Depot des Panzerkorps in Noyelles-sur-Mer während des 1. Weltkrieg zurück, wie Panzer denn sehen könnten, wenn sie denn keine Augen hätten.

Ein Bren Transporter der 15/19th Hussars der 3. Infanteriedivision. Dieses Fahrzeug trägt das Formationszeichen, ein schwarzes Dreieck, in dem ein rotes Dreieck mit der Spitze nach unten weist, auf dem vorderen Kotflügel. Dieses Fahrzeug ist zur Tarnung in zwei Grüntönen gespritzt. Jedes Panzerbataillon besaß 44 Universaltransporter.

INFANTERIEPANZER DER BRITISCHEN EXPEDITIONSSTREITKRÄFTE, 7. PANZERREGIMENT

Matilda I des 7. RTR (Kompanie C). Die Tarnung ist in zwei Grüntönen (G3/G4) gehalten. Wegen seiner ausgezeichneten Panzerung ist die Matilda I nur mit einem schwenkbaren Vickers-MG ausgerüstet. Der „Glenlyon" mußte von seiner zweiköpfigen Besatzung verlassen werden, nachdem er in der Gegend von Notre-Dame-de-Lorette außer Gefecht gesetzt worden war.

Matilda II des 7. RTR. Eine neue Konstruktion im Vergleich zum Mark I machte den Infanteriepanzer Mark II 1940 zum leistungsstärksten britischen Panzer. Seine dicke Panzerung war ein echter Fortschritt, dem leider ein unangemessenes 40-mm-Geschütz gegenüberstand. Das 7. RTR kämpfte als einzige Einheit mit Matildas II an der französischen Front.

Eine andere Matilda II des 7. RTR. Leider hielt der Name „Good Luck" [Viel Glück] nicht, was er versprach, denn das Fahrzeug wurde frontal in den Rumpf getroffen. Durch die Gewalt des Aufpralls wurden Lukendeckel auf der Fahrerseite herausgerissen. Allerdings war dies ein echter Glückstreffer der deutschen Schützen, da die Panzerung der Matilda sämtlichen Panzerabwehrwaffen der Wehrmacht - ausgenommen die berühmte „88" - widerstand.

BELGISCHE UND NIEDERLÄNDISCHE PANZERKAMPFWAGEN; 1940

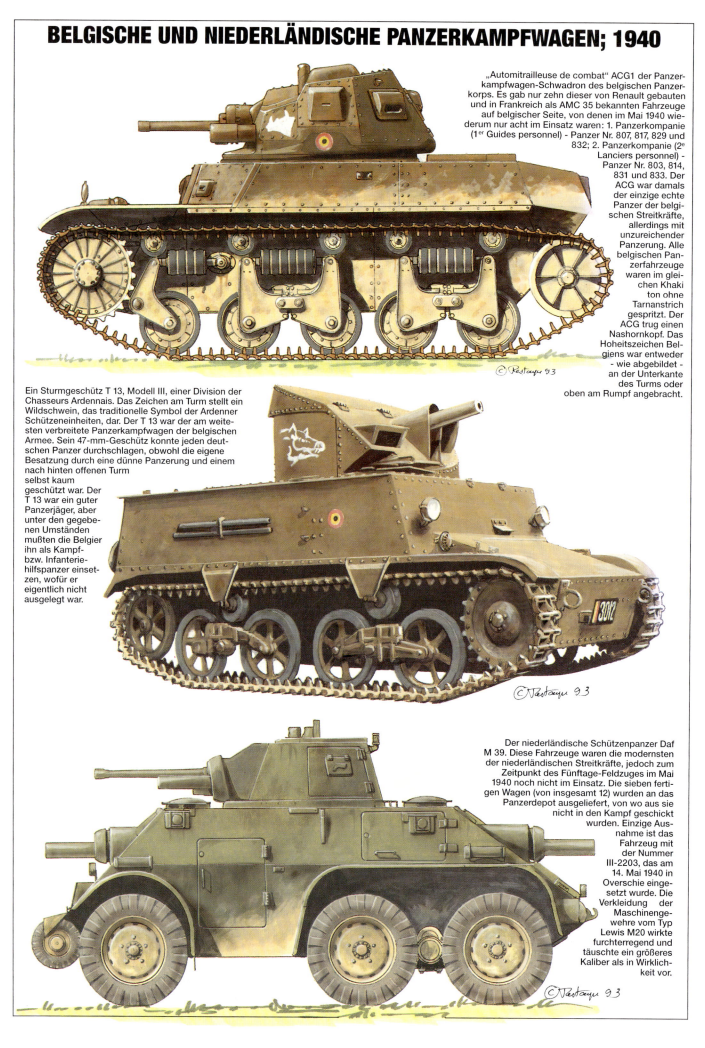

„Automitrailleuse de combat" ACG1 der Panzerkampfwagen-Schwadron des belgischen Panzerkorps. Es gab nur zehn dieser von Renault gebauten und in Frankreich als AMC 35 bekannten Fahrzeuge auf belgischer Seite, von denen im Mai 1940 wiederum nur acht im Einsatz waren: 1. Panzerkompanie (1er Guides personnel) - Panzer Nr. 807, 817, 829 und 832; 2. Panzerkompanie (2^e Lanciers personnel) - Panzer Nr. 803, 814, 831 und 833. Der ACG war damals der einzige echte Panzer der belgischen Streitkräfte, allerdings mit unzureichender Panzerung. Alle belgischen Panzerfahrzeuge waren im gleichen Khaki ton ohne Tarnanstrich gespritzt. Der ACG trug einen Nashornkopf. Das Hoheitszeichen Belgiens war entweder - wie abgebildet - an der Unterkante des Turms oder oben am Rumpf angebracht.

Ein Sturmgeschütz T 13, Modell III, einer Division der Chasseurs Ardennais. Das Zeichen am Turm stellt ein Wildschwein, das traditionelle Symbol der Ardenner Schützeneinheiten, dar. Der T 13 war der am weitesten verbreitete Panzerkampfwagen der belgischen Armee. Sein 47-mm-Geschütz konnte jeden deutschen Panzer durchschlagen, obwohl die eigene Besatzung durch eine dünne Panzerung und einem nach hinten offenen Turm selbst kaum geschützt war. Der T 13 war ein guter Panzerjäger, aber unter den gegebenen Umständen mußten die Belgier ihn als Kampf- bzw. Infanteriehilfspanzer einsetzen, wofür er eigentlich nicht ausgelegt war.

Der niederländische Schützenpanzer Daf M 39. Diese Fahrzeuge waren die modernsten der niederländischen Streitkräfte, jedoch zum Zeitpunkt des Fünftage-Feldzuges im Mai 1940 noch nicht im Einsatz. Die sieben fertigen Wagen (von insgesamt 12) wurden an das Panzerdepot ausgeliefert, von wo aus sie nicht in den Kampf geschickt wurden. Einzige Ausnahme ist das Fahrzeug mit der Nummer III-2203, das am 14. Mai 1940 in Overschie eingesetzt wurde. Die Verkleidung der Maschinengewehre vom Typ Lewis M20 wirkte furchterregend und täuschte ein größeres Kaliber als in Wirklichkeit vor.

FRANZÖSISCHE STURMGESCHÜTZE VOM TYP LAFFLY, MAI-JUNI 1940

Gepanzerter Prototyp des Laffly W 15 TCC, März 1940. Fotos aus der Versuchsphase dieses Panzerjägers zeigen deutlich die breiten Streifen des Tarnanstrichs, wobei keine genauen Angaben zur Farbgebung gemacht werden können. Die Räder waren sicherlich schwarz, wie bei vielen französischen Fahrzeugen dieser Zeit. Die Nummernschilder mit einem „W" wurden an die Hersteller vergeben, damit diese ihre Fahrzeuge vorläufig anmelden konnten.

Ein standardmäßiger Laffly W 15 TCC. In direkter Anlehnung an ein Werksfoto zeigt diese Dreiviertel-Rückansicht des Fahrzeugs P 17 079 (Nr. 3 seines Zuges) deutlich die 47-mm-Kanone vom Typ AC aus dem Jahre 1937. Der Standardschild wird durch eine zusätzliche Panzerung vervollständigt. Die Lafflys erhielten im Werk systematisch einen Tarnanstrich in zwei matten Farbtönen. Hier wurden entsprechend den damaligen französischen Vorschriften und der Jahreszeit olivgrün (Untergrund) und schokoladenbraun (Flecken) verwendet, obwohl diese Farbgebung nicht verbürgt ist.

Ein Laffly W 15 TCC (die Nr. 5 seines Zuges). Die Abbildung zeigt ihn mit einem 24/29 LMG auf einer der beiden Flugabwehrvorrichtungen. Das Militärkennzeichen entspricht den damaligen Vorschriften: eine fünfstellige Zahl nach der Trikolore, der wiederum ein Buchstabe - „M" für Fahrzeuge, die zwischen 1938 und Anfang 1940 gebaut wurden, „P" für die neuesten. Fahrzeuge, die vor der „M"-Serie entstanden sind, trugen keine Buchstaben.

Vorderansicht einer gepanzerten Windschutzscheibe mit französischem Hoheitszeichen.

LEICHTE PANZER VOM TYP 1935 (Renault R 35)

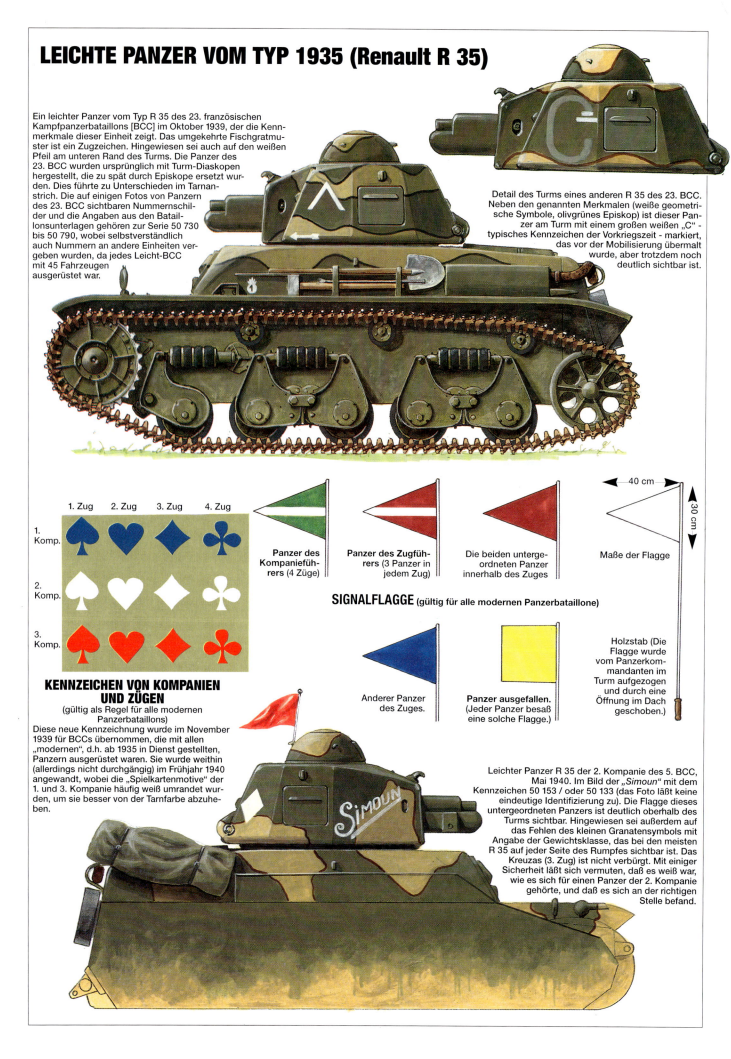

Ein leichter Panzer vom Typ R 35 des 23. französischen Kampfpanzerbataillons [BCC] im Oktober 1939, der die Kennmerkmale dieser Einheit zeigt. Das umgekehrte Fischgratmuster ist ein Zugzeichen. Hingewiesen sei auch auf den weißen Pfeil am unteren Rand des Turms. Die Panzer des 23. BCC wurden ursprünglich mit Turm-Diaskopen hergestellt, die zu spät durch Episkope ersetzt wurden. Dies führte zu Unterschieden im Tarnanstrich. Die auf einigen Fotos von Panzern des 23. BCC sichtbaren Nummernschilder und die Angaben aus den Bataillonsunterlagen gehören zur Serie 50 730 bis 50 790, wobei selbstverständlich auch Nummern an andere Einheiten vergeben wurden, da jedes Leicht-BCC mit 45 Fahrzeugen ausgerüstet war.

Detail des Turms eines anderen R 35 des 23. BCC. Neben den genannten Merkmalen (weiße geometrische Symbole, olivgrünes Episkop) ist dieser Panzer am Turm mit einem großen weißen „C" - typisches Kennzeichen der Vorkriegszeit - markiert, das vor der Mobilisierung übermalt wurde, aber trotzdem noch deutlich sichtbar ist.

SIGNALFLAGGE (gültig für alle modernen Panzerbataillone)

- Panzer des Kompanieführers (4 Züge)
- Panzer des Zugführers (3 Panzer in jedem Zug)
- Die beiden untergeordneten Panzer innerhalb des Zuges
- Maße der Flagge
- Anderer Panzer des Zuges.
- Panzer ausgefallen. (Jeder Panzer besaß eine solche Flagge.)
- Holzstab (Die Flagge wurde vom Panzerkommandanten im Turm aufgezogen und durch eine Öffnung im Dach geschoben.)

KENNZEICHEN VON KOMPANIEN UND ZÜGEN
(gültig als Regel für alle modernen Panzerbataillons)

Diese neue Kennzeichnung wurde im November 1939 für BCCs übernommen, die mit allen „modernen", d.h. ab 1935 in Dienst gestellten, Panzern ausgerüstet waren. Sie wurde weithin (allerdings nicht durchgängig) im Frühjahr 1940 angewandt, wobei die „Spielkartenmotive" der 1. und 3. Kompanie häufig weiß umrandet wurden, um sie besser von der Tarnfarbe abzuheben.

Leichter Panzer R 35 der 2. Kompanie des 5. BCC, Mai 1940. Im Bild der „Simoun" mit dem Kennzeichen 50 153 / oder 50 133 (das Foto läßt keine eindeutige Identifizierung zu). Die Flagge dieses untergeordneten Panzers ist deutlich oberhalb des Turms sichtbar. Hingewiesen sei außerdem auf das Fehlen des kleinen Granatensymbols mit Angabe der Gewichtsklasse, das bei den meisten R 35 auf jeder Seite des Rumpfes sichtbar ist. Das Kreuzas (3. Zug) ist nicht verbürgt. Mit einiger Sicherheit läßt sich vermuten, daß es weiß war, wie es sich für einen Panzer der 2. Kompanie gehörte, und daß es sich an der richtigen Stelle befand.

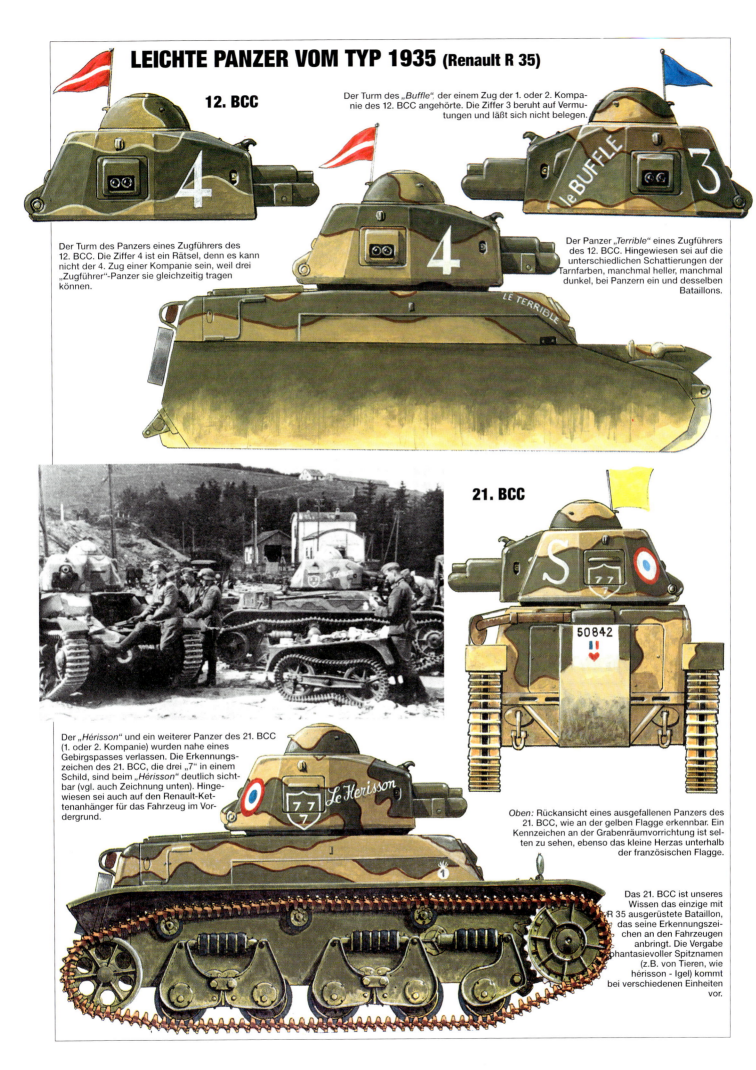

LEICHTER PANZER VOM TYP RENAULT R 40 (ABWANDLUNG DES 1935 R)

(Illustrationen von S. Deieso, Texte von François Vauvillier)
© 1993/Militaria Magazine

Beim „*Zette*" hat der Zeichner die Tarnung etwas stärker „ausgewaschen"; die Farbtöne sind aber die gleichen wie beim „*Germaine*" (ganz unten), einem anderen Panzer des 48. BCC, dem am meisten fotografierten Bataillon, das außerdem am Kriegsende noch über die größte Anzahl einsatzbereiter Panzer verfügte. Die Verwendung weiblicher Kosenamen war beim 48. BCC gang und gäbe, obwohl auch Nummern, „Asse" und andere Erkennungszeichen vergeben wurden. Es muß hinzugefügt werden, daß den Einheiten, die mit R 40 ausgerüstet waren, häufig wenig Zeit blieb, aussagefähige Kennzeichen anzubringen.

Ein Foto von Panzern des 1/40. BCC, die auf einen flachen Eisenbahnwaggon verladen werden, um sie ins Waffenlager Mably in Roanne zu transportieren, wo sie im Juli 1940 an Deutschland übergeben werden sollen, zeigt einen Panzer mit unbekannter Nummer, dafür aber mit einem weißen Herz-As am Turm (3. Zug), das mit einem weißen Kreis umrandet ist (1. Kompanie). Die blaue Farbe ist lediglich eine Vermutung, da Blau i.d.R. die Erkennungsfarbe der 1. Kompanie ist.

Unten:
Das nach dem Waffenstillstand mit Kreide aufgeschriebene Motto „*Malgré*" [Trotz alledem] wurde nach der Rede von Oberst Perré zur Auflösung der 2. Panzerdivision [DCR] zum Erkennungsmerkmal dieser Einheit. Ende Mai 1940 war die 2. DCR um das 40. und 48. BCC verstärkt worden, nachdem es zu Beginn des Feldzuges schwere Verluste erlitten hatte.

Gegenüber:
„*Mad*" ist der Panzer von Fähnrich Bellanger, Zugführer der 4. Zuges, 1. Kompanie, 48. BCC.

In den letzten Tages des Feldzuges bot „*Germaine*" dieses Bild. Seine Nummer könnte 51 601, 51 606 oder 51 608 lauten. Auf den Schwarz-Weiß-Fotos lassen sich die Tarnfarben, die vor der Auslieferung der Panzer an die Einheiten in einer Werkstatt in Satory aufgespritzt wurden, nur schwer unterscheiden, was uns dazu veranlaßte, ebenso dunkle Nuancen - olivgrün und schokoladenbraun - zu verwenden.

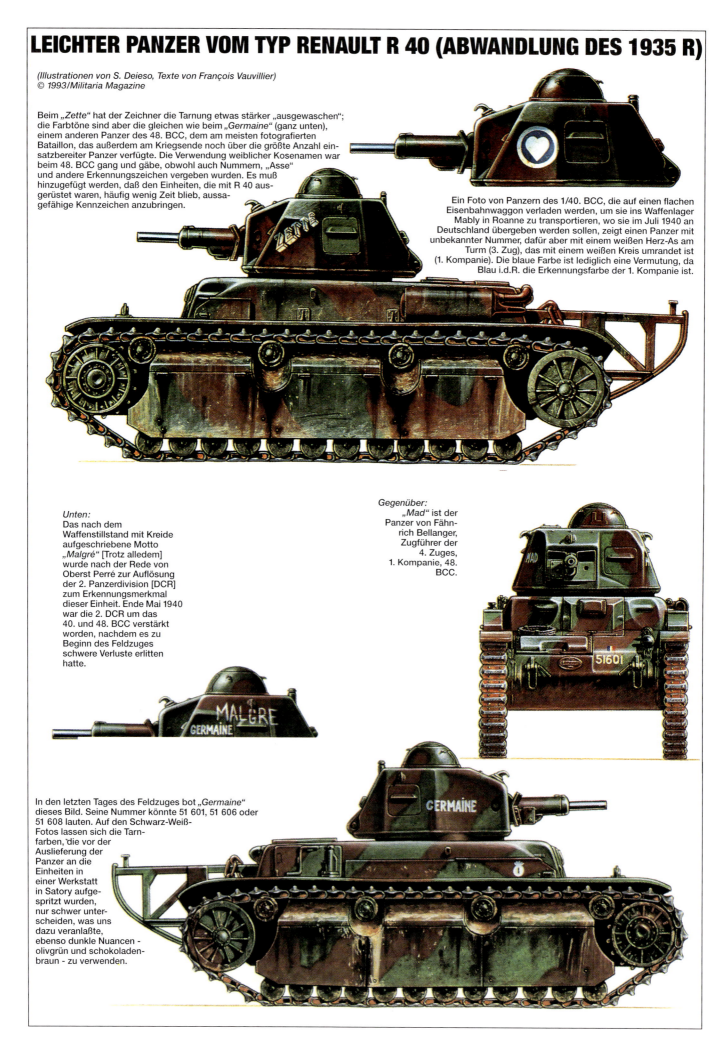

DIE ERSTEN FRANZÖSISCHEN PANZERKAMPFWAGEN IN DEN ARDENNEN

Der leichte Panzer (Panzerkampfwagen) Hotchkiss H 35 des 2. Französischen Panzerfahrzeugregiments [RAM] der 2. Leichten Panzerdivision [DLC]. Diese Zeichnung basiert - wie alle anderen Darstellungen - auf einem Foto. Der Kommandeur dieses sog. AMC (Automitrailleuse des combat, die gebräuchlichste Bezeichnung für leichte Panzer innerhalb der DLC) war Unterleutnant Laborde. Die Regimentszeichen zeigen das Wappen des Marquis de Bissy mit einem mittelalterlichen Helm (Vorderansicht) auf einem Anker. Dieses Zeichen in der Mitte des As-Symbols ist ebenso typisch für die Panzertruppe, wie die große weiße 7 an der Rückseite des Turms. Das Kreuzas deutet auf die 3. Schwadron hin, wobei die grüne Farbe lediglich auf Vermutungen beruht. Ein auffälliger Tarnanstrich ist nicht sichtbar.

Panzerspähwagen AMR 33 Renault (Typ VM) des 3. Motschützenregiments [RDP] der 2. DLC. Verschiedene Fotos dieses leichten Panzers geben ein ziemlich klares Bild: Registriernummer 83 950, keine Zahl, aus der die Stellung innerhalb der Einheit hervorgeht, sondern lediglich eine stilisierte Version der Erkennungszeichen des 2. RDP am Turm - ein fünfzackiger Stern (typisch für Motschützen) auf einem gelben Lothringerkreuz, das an den Vorkriegsstandort des 2. BDP in Lunéville erinnern soll. Die zweifarbige Tarnung (hier in olivgrün und schokoladenbraun, tatsächlich aber wohl eher olivgrün und hellocker) wurde bei Renault aufgespritzt. Hingewiesen sei auf die Flugzeugabwehrvorrichtung auf dem Turm, speziell für das 7,5-mm-MG aus dem Jahre 1931, mit dem das Fahrzeug ausgerüstet war.

Panzer FCM 36 des 7. BCC, 3. Kompanie (rot), 3. Zug (Kreuzas). Bei diesem Panzer gibt es zwei Tarnversionen, wobei jedoch die gezeigten waagerechten Wellen typisch sind. Die Erkennungszeichen der früheren Einheit, des Panzerregiments 503 [RCC], aus dem im September 1939 zwei selbständige Bataillone gebildet wurden, ist noch immer auf dem Turm erkennbar.

Detail des Panzers FCM 36, Nr. 30 003, mit dem Spitznamen „Ouragan" („Hurrikan"). Im Gegensatz zu den Panzern vom Typ B, gab es keine Vorschriften für die Namensgebung bei Panzerfahrzeugen. Einige tragen, wie in diesem Beispiel, nüchterne Bezeichnungen, während andere etwas ausgefallener sind.

FRANZÖSISCHE PANZERKAMPFWAGEN

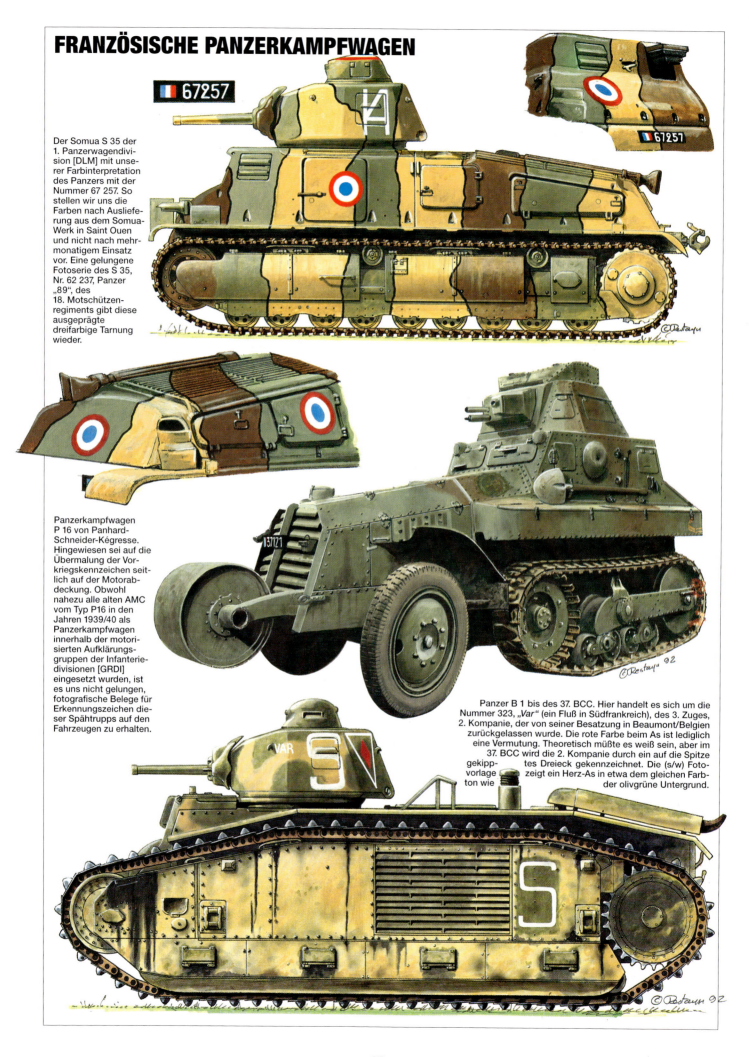

🇫🇷 67257

Der Somua S 35 der 1. Panzerwagendivision [DLM] mit unserer Farbinterpretation des Panzers mit der Nummer 67 257. So stellen wir uns die Farben nach Auslieferung aus dem Somua-Werk in Saint Ouen und nicht nach mehrmonatigem Einsatz vor. Eine gelungene Fotoserie des S 35, Nr. 62 237, Panzer „89", des 18. Motschützenregiments gibt diese ausgeprägte dreifarbige Tarnung wieder.

Panzerkampfwagen P 16 von Panhard-Schneider-Kégresse. Hingewiesen sei auf die Übermalung der Vorkriegskennzeichen seitlich auf der Motorabdeckung. Obwohl nahezu alle alten AMC vom Typ P16 in den Jahren 1939/40 als Panzerkampfwagen innerhalb der motorisierten Aufklärungsgruppen der Infanteriedivisionen [GRDI] eingesetzt wurden, ist es uns nicht gelungen, fotografische Belege für Erkennungszeichen dieser Spähtrupps auf den Fahrzeugen zu erhalten.

Panzer B 1 bis des 37. BCC. Hier handelt es sich um die Nummer 323, „Var" (ein Fluß in Südfrankreich), des 3. Zuges, 2. Kompanie, der von seiner Besatzung in Beaumont/Belgien zurückgelassen wurde. Die rote Farbe beim As ist lediglich eine Vermutung. Theoretisch müßte es weiß sein, aber im 37. BCC wird die 2. Kompanie durch ein auf die Spitze gekipp- tes Dreieck gekennzeichnet. Die (s/w) Fotovorlage zeigt ein Herz-As in etwa dem gleichen Farbton wie der olivgrüne Untergrund.

— 28 —

FRANZÖSISCHE PANZERKAMPFWAGEN

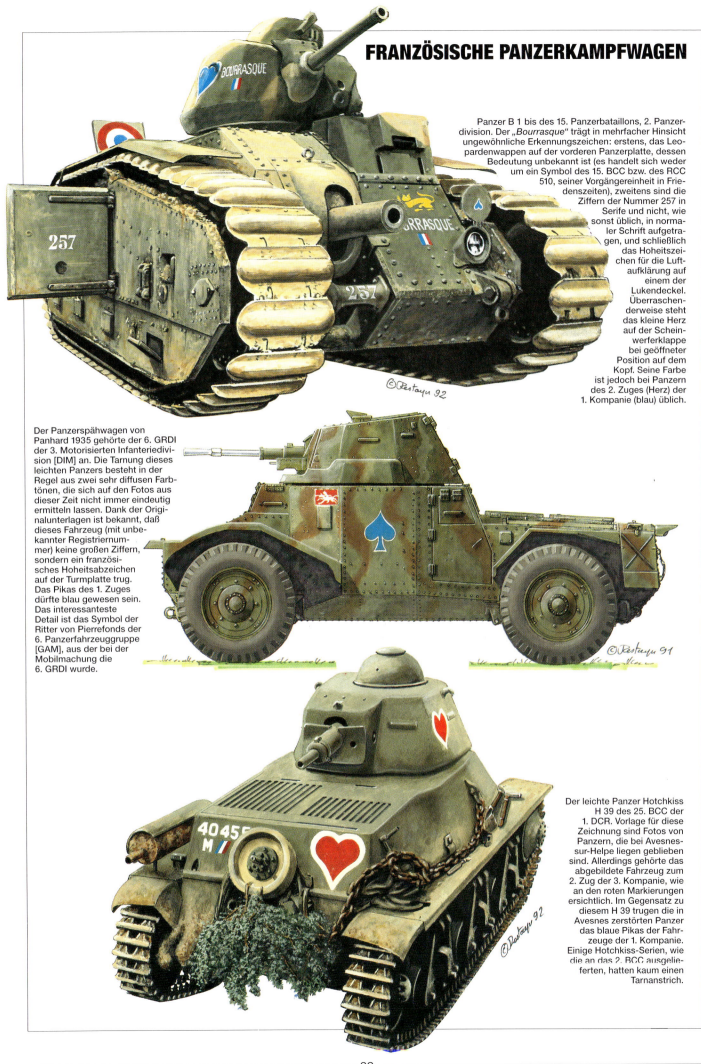

Panzer B 1 bis des 15. Panzerbataillons, 2. Panzerdivision. Der „Bourrasque" trägt in mehrfacher Hinsicht ungewöhnliche Erkennungszeichen: erstens, das Leopardenwappen auf der vorderen Panzerplatte, dessen Bedeutung unbekannt ist (es handelt sich weder um ein Symbol des 15. BCC bzw. des RCC 510, seiner Vorgängereinheit in Friedenszeiten), zweitens sind die Ziffern der Nummer 257 in Serife und nicht, wie sonst üblich, in normaler Schrift aufgetragen, und schließlich das Hoheitszeichen für die Luftaufklärung auf einem der Lukendeckel. Überraschenderweise steht das kleine Herz auf der Scheinwerferklappe bei geöffneter Position auf dem Kopf. Seine Farbe ist jedoch bei Panzern des 2. Zuges (Herz) der 1. Kompanie (blau) üblich.

Der Panzerspähwagen von Panhard 1935 gehörte der 6. GRDI der 3. Motorisierten Infanteriedivision [DIM] an. Die Tarnung dieses leichten Panzers besteht in der Regel aus zwei sehr diffusen Farbtönen, die sich auf den Fotos aus dieser Zeit nicht immer eindeutig ermitteln lassen. Dank der Originalunterlagen ist bekannt, daß dieses Fahrzeug (mit unbekannter Registriernummer) keine großen Ziffern, sondern ein französisches Hoheitsabzeichen auf der Turmplatte trug. Das Pikas des 1. Zuges dürfte blau gewesen sein. Das interessanteste Detail ist das Symbol der Ritter von Pierrefonds der 6. Panzerfahrzeuggruppe [GAM], aus der bei der Mobilmachung die 6. GRDI wurde.

Der leichte Panzer Hotchkiss H 39 des 25. BCC der 1. DCR. Vorlage für diese Zeichnung sind Fotos von Panzern, die bei Avesnes-sur-Helpe liegen geblieben sind. Allerdings gehörte das abgebildete Fahrzeug zum 2. Zug der 3. Kompanie, wie an den roten Markierungen ersichtlich. Im Gegensatz zu diesem H 39 trugen die in Avesnes zerstörten Panzer das blaue Pikas der Fahrzeuge der 1. Kompanie. Einige Hotchkiss-Serien, wie die an das 2. BCC ausgelieferten, hatten kaum einen Tarnanstrich.

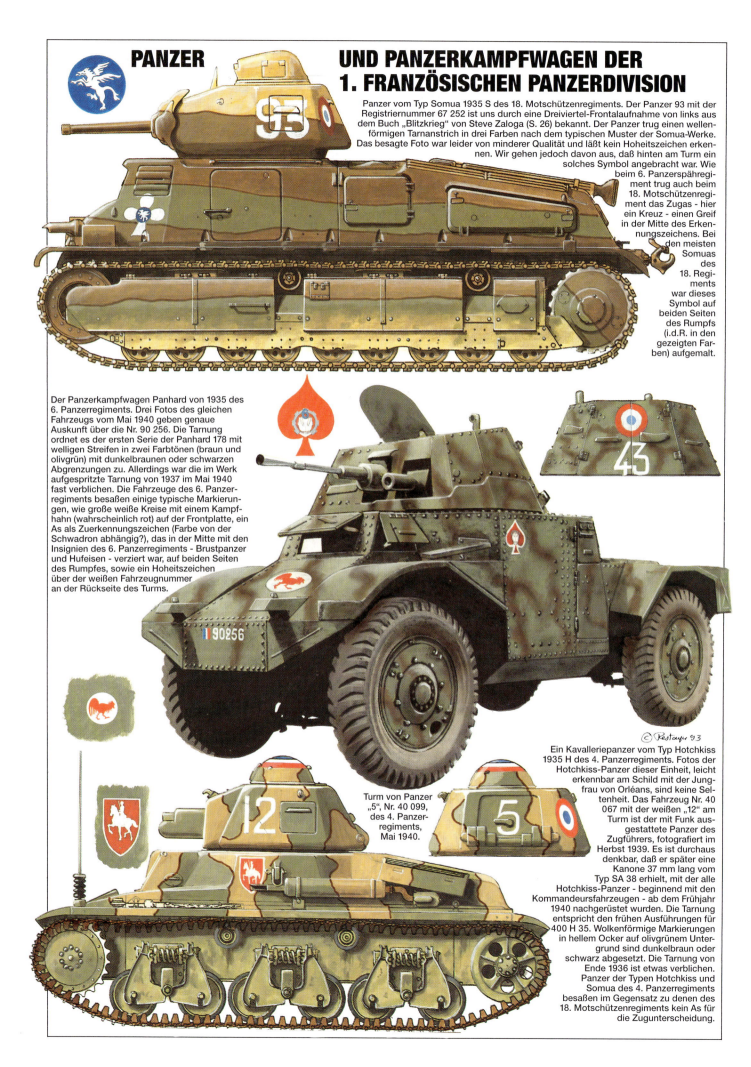

PANZER UND PANZERKAMPFWAGEN DER 1. FRANZÖSISCHEN PANZERDIVISION

Panzer vom Typ Somua 1935 S des 18. Motschützenregiments. Der Panzer 93 mit der Registriernummer 67 252 ist uns durch eine Dreiviertel-Frontalaufnahme von links aus dem Buch „Blitzkrieg" von Steve Zaloga (S. 26) bekannt. Der Panzer trug einen wellenförmigen Tarnanstrich in drei Farben nach dem typischen Muster der Somua-Werke. Das besagte Foto war leider von minderer Qualität und läßt kein Hoheitszeichen erkennen. Wir gehen jedoch davon aus, daß hinten am Turm ein solches Symbol angebracht war. Wie beim 6. Panzerspährregiment trug auch beim 18. Motschützenregiment das Zugas - hier ein Kreuz - einen Greif in der Mitte des Erkennungszeichens. Bei den meisten Somuas des 18. Regiments war dieses Symbol auf beiden Seiten des Rumpfs (i.d.R. in den gezeigten Farben) aufgemalt.

Der Panzerkampfwagen Panhard von 1935 des 6. Panzerregiments. Drei Fotos des gleichen Fahrzeugs vom Mai 1940 geben genaue Auskunft über die Nr. 90 256. Die Tarnung ordnet es der ersten Serie der Panhard 178 mit welligen Streifen in zwei Farbtönen (braun und olivgrün) mit dunkelbraunen oder schwarzen Abgrenzungen zu. Allerdings war die im Werk aufgespritzte Tarnung von 1937 im Mai 1940 fast verblichen. Die Fahrzeuge des 6. Panzerregiments besaßen einige typische Markierungen, wie große weiße Kreise mit einem Kampfhahn (wahrscheinlich rot) auf der Frontplatte, ein As als Zuerkennungszeichen (Farbe von der Schwadron abhängig?), das in der Mitte mit den Insignien des 6. Panzerregiments - Brustpanzer und Hufeisen - verziert war, auf beiden Seiten des Rumpfs, sowie ein Hoheitszeichen über der weißen Fahrzeugnummer an der Rückseite des Turms.

Turm von Panzer „5", Nr. 40 099, des 4. Panzerregiments, Mai 1940.

Ein Kavalleriepanzer vom Typ Hotchkiss 1935 H des 4. Panzerregiments. Fotos der Hotchkiss-Panzer dieser Einheit, leicht erkennbar am Schild mit der Jungfrau von Orléans, sind keine Seltenheit. Das Fahrzeug Nr. 40 067 mit der weißen „12" am Turm ist der mit Funk ausgestattete Panzer des Zugführers, fotografiert im Herbst 1939. Es ist durchaus denkbar, daß er später eine Kanone 37 mm lang vom Typ SA 38 erhielt, mit der alle Hotchkiss-Panzer - beginnend mit den Kommandeursfahrzeugen - ab dem Frühjahr 1940 nachgerüstet wurden. Die Tarnung entspricht den frühen Ausführungen für 400 H 35. Wolkenförmige Markierungen in hellem Ocker auf olivgrünem Untergrund sind dunkelbraun oder schwarz abgesetzt. Die Tarnung von Ende 1936 ist etwas verblichen. Panzer der Typen Hotchkiss und Somua des 4. Panzerregiments besaßen im Gegensatz zu denen des 18. Motschützenregiments kein As für die Zugunterscheidung.

PANZER UND PANZERKAMPFWAGEN DER 2. FRANZÖSISCHEN PANZERDIVISION

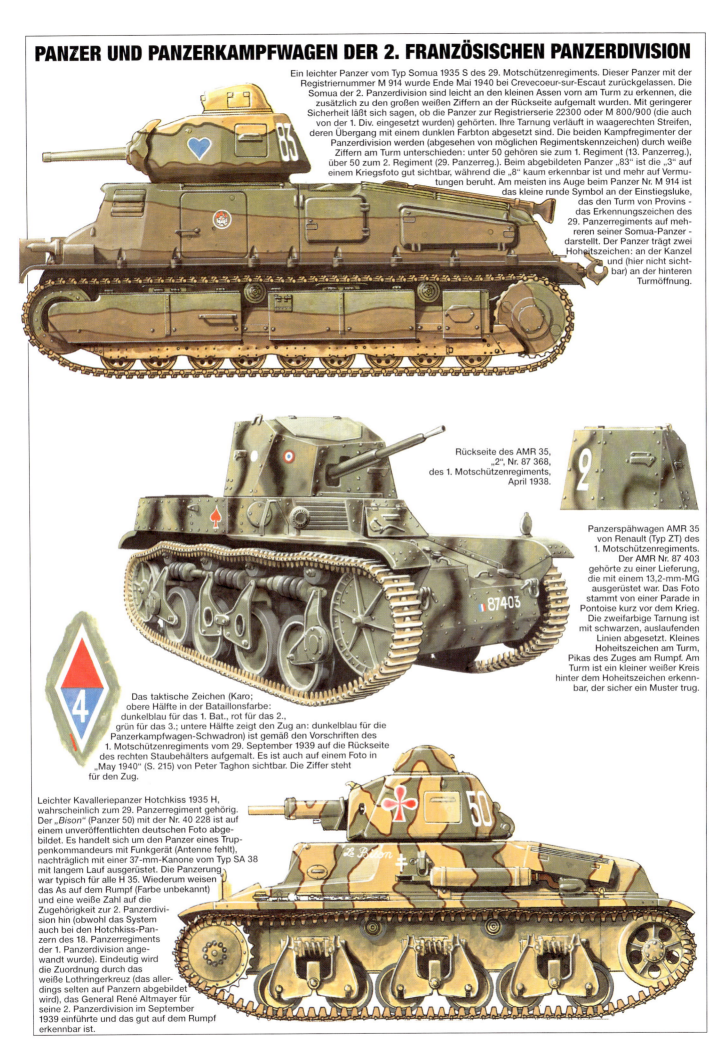

Ein leichter Panzer vom Typ Somua 1935 S des 29. Motschützenregiments. Dieser Panzer mit der Registriernummer M 914 wurde Ende Mai 1940 bei Crevecoeur-sur-Escaut zurückgelassen. Die Somua der 2. Panzerdivision sind leicht an den kleinen Assen vorn am Turm zu erkennen, die zusätzlich zu den großen weißen Ziffern an der Rückseite aufgemalt wurden. Mit geringerer Sicherheit läßt sich sagen, ob die Panzer zur Registrierserie 22300 oder M 800/900 (die auch von der 1. Div. eingesetzt wurden) gehörten. Ihre Tarnung verläuft in waagerechten Streifen, deren Übergang mit einem dunklen Farbton abgesetzt sind. Die beiden Kampfregimenter der Panzerdivision werden (abgesehen von möglichen Regimentskennzeichen) durch weiße Ziffern am Turm unterschieden: unter 50 gehören sie zum 1. Regiment (13. Panzerreg.), über 50 zum 2. Regiment (29. Panzerreg.). Beim abgebildeten Panzer „83" ist die „3" auf einem Kriegsfoto gut sichtbar, während die „8" kaum erkennbar ist und mehr auf Vermutungen beruht. Am meisten ins Auge beim Panzer Nr. M 914 ist das kleine runde Symbol an der Einstiegsluke, das den Turm von Provins - das Erkennungszeichen des 29. Panzerregiments auf mehreren seiner Somua-Panzer - darstellt. Der Panzer trägt zwei Hoheitszeichen: an der Kanzel und (hier nicht sichtbar) an der hinteren Turmöffnung.

Rückseite des AMR 35, „2", Nr. 87 368, des 1. Motschützenregiments, April 1938.

Panzerspähwagen AMR 35 von Renault (Typ ZT) des 1. Motschützenregiments. Der AMR Nr. 87 403 gehörte zu einer Lieferung, die mit einem 13,2-mm-MG ausgerüstet war. Das Foto stammt von einer Parade in Pontoise kurz vor dem Krieg. Die zweifarbige Tarnung ist mit schwarzen, auslaufenden Linien abgesetzt. Kleines Hoheitszeichen am Turm, Pikas des Zuges am Rumpf. Am Turm ist ein kleiner weißer Kreis hinter dem Hoheitszeichen erkennbar, der sicher ein Muster trug.

Das taktische Zeichen (Karo; obere Hälfte in der Bataillonsfarbe: dunkelblau für das 1. Bat., rot für das 2., grün für das 3.; untere Hälfte zeigt den Zug an: dunkelblau für die Panzerkampfwagen-Schwadron) ist gemäß den Vorschriften des 1. Motschützenregiments vom 29. September 1939 auf die Rückseite des rechten Staubehälters aufgemalt. Es ist auch auf einem Foto in „May 1940" (S. 215) von Peter Taghon sichtbar. Die Ziffer steht für den Zug.

Leichter Kavalleriepanzer Hotchkiss 1935 H, wahrscheinlich zum 29. Panzerregiment gehörig. Der „Bison" (Panzer 50) mit der Nr. 40 228 ist auf einem unveröffentlichten deutschen Foto abgebildet. Es handelt sich um den Panzer eines Truppenkommandeurs mit Funkgerät (Antenne fehlt), nachträglich mit einer 37-mm-Kanone vom Typ SA 38 mit langem Lauf ausgerüstet. Die Panzerung war typisch für alle H 35. Wiederum weisen das As auf dem Rumpf (Farbe unbekannt) und eine weiße Zahl auf die Zugehörigkeit zur 2. Panzerdivision hin (obwohl das System auch bei den Hotchkiss-Panzern des 18. Panzerregiments der 1. Panzerdivision angewandt wurde). Eindeutig wird die Zuordnung durch das weiße Lothringerkreuz (das allerdings selten auf Panzern abgebildet wird), das General René Altmayer für seine 2. Panzerdivision im September 1939 einführte und das gut auf dem Rumpf erkennbar ist.

PANZER UND PANZERKAMPFWAGEN DER 2. FRANZÖSISCHEN PANZERDIVISION

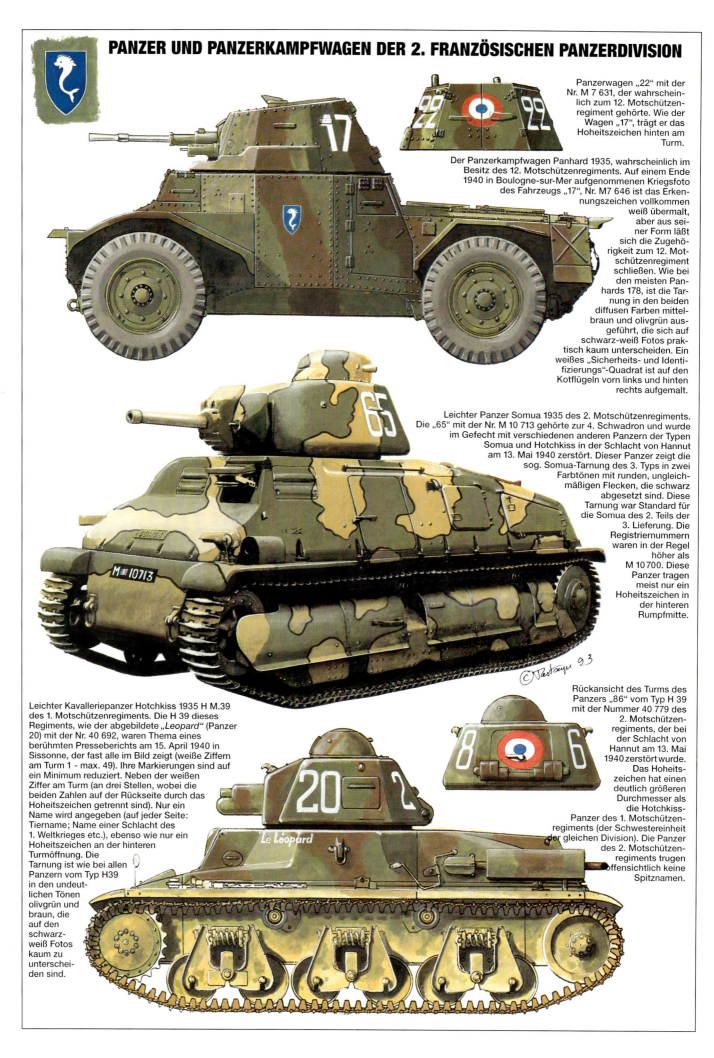

Panzerwagen „22" mit der Nr. M 7 631, der wahrscheinlich zum 12. Motschützenregiment gehörte. Wie der Wagen „17", trägt er das Hoheitszeichen hinten am Turm.

Der Panzerkampfwagen Panhard 1935, wahrscheinlich im Besitz des 12. Motschützenregiments. Auf einem Ende 1940 in Boulogne-sur-Mer aufgenommenen Kriegsfoto des Fahrzeugs „17", Nr. M7 646 ist das Erkennungszeichen vollkommen weiß übermalt, aber aus seiner Form läßt sich die Zugehörigkeit zum 12. Motschützenregiment schließen. Wie bei den meisten Panhards 178, ist die Tarnung in den beiden diffusen Farben mittelbraun und olivgrün ausgeführt, die sich auf schwarz-weiß Fotos praktisch kaum unterscheiden. Ein weißes „Sicherheits- und Identifizierungs"-Quadrat ist auf den Kotflügeln vorn links und hinten rechts aufgemalt.

Leichter Panzer Somua 1935 des 2. Motschützenregiments. Die „65" mit der Nr. M 10 713 gehörte zur 4. Schwadron und wurde im Gefecht mit verschiedenen anderen Panzern der Typen Somua und Hotchkiss in der Schlacht von Hannut am 13. Mai 1940 zerstört. Dieser Panzer zeigt die sog. Somua-Tarnung des 3. Typs in zwei Farbtönen mit runden, ungleichmäßigen Flecken, die schwarz abgesetzt sind. Diese Tarnung war Standard für die Somua des 2. Teils der 3. Lieferung. Die Registriernummern waren in der Regel höher als M 10 700. Diese Panzer tragen meist nur ein Hoheitszeichen in der hinteren Rumpfmitte.

Leichter Kavalleriepanzer Hotchkiss 1935 H M.39 des 1. Motschützenregiments. Die H 39 dieses Regiments, wie der abgebildete „Leopard" (Panzer 20) mit der Nr. 40 692, waren Thema eines berühmten Presseberichts am 15. April 1940 in Sissonne, der fast alle im Bild zeigt (weiße Ziffern am Turm 1 - max. 49). Ihre Markierungen sind auf ein Minimum reduziert. Neben der weißen Ziffer am Turm (an drei Stellen, wobei die beiden Zahlen auf der Rückseite durch das Hoheitszeichen getrennt sind). Nur ein Name wird angegeben (auf jeder Seite: Tiername; Name einer Schlacht des 1. Weltkrieges etc.), ebenso wie nur ein Hoheitszeichen an der hinteren Turmöffnung. Die Tarnung ist wie bei allen Panzern vom Typ H39 in den undeutlichen Tönen olivgrün und braun, die auf den schwarz-weiß Fotos kaum zu unterscheiden sind.

Rückansicht des Turms des Panzers „86" vom Typ H 39 mit der Nummer 40 779 des 2. Motschützenregiments, der bei der Schlacht von Hannut am 13. Mai 1940 zerstört wurde. Das Hoheitszeichen hat einen deutlich größeren Durchmesser als die Hotchkiss-Panzer des 1. Motschützenregiments (der Schwestereinheit der gleichen Division). Die Panzer des 2. Motschützenregiments trugen offensichtlich keine Spitznamen.

1940
DER WÜSTEN-KRIEG

ITALIENISCHE PANZERKAMPFWAGEN IM WÜSTENEINSATZ, 1940-41

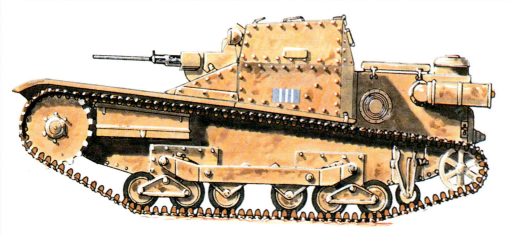

Carro Veloce L 3/33 bzw. CV 33 mit dem taktischen Zeichen der 3. Schwadron eines 2. Zuges, wahrscheinlich Division Trento, im Sommer 1940. Dieser Panzerkampfwagen ist im Grunde genommen nichts anderes als ein bewaffnetes Transportfahrzeug ohne großen Gefechtswert. Er kam bei den meisten italienischen Panzerbataillonen zum Einsatz.

Autoblinda AB 40/41 mit einem 20 mm-Geschütz. Die italienischen Streitkräfte schöpften das Potential dieses hervorragenden Panzerkampfwagens nicht aus, sondern setzten ihn meist nur als Begleitfahrzeug oder für den Transport höherer Offiziere ein. Allerdings wußten sich Briten und Deutsche die Autoblinda innerhalb der eigenen Streitkräfte als Kriegsbeute bzw. als Leihfahrzeuge zunutze zu machen.

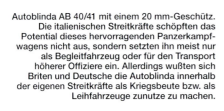

Mittlerer Panzer Fiat-Ansaldo M 11/39 einer unbekannten Einheit (möglicherweise Panzerdivision Littorio). Er erwies sich in jeder Hinsicht als Fehlkonstruktion: schwache Bewaffnung, dünne Panzerung; Kommandant und Geschützlader saßen auf verschiedenen Ebenen ohne Kommunikationsmöglichkeit. Der Angriff auf eine Matilda mit einem solchen Gefährt glich einem Selbstmord. Während des Afrikafeldzuges fehlte es den Italienern vor allem an guter Ausrüstung, nicht an Mut.

ITALIENISCHE PANZERKAMPFWAGEN DER DIVISION „ARIETE"

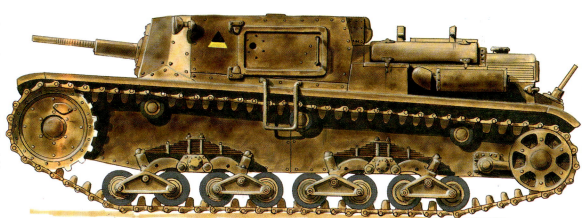

Bei diesem turmlosen Panzer handelt es sich um einen Carro comando M 40 der 132. Panzerdivision Ariete in Cyrenaica vom Januar 1942. Diese Panzerkampfwagen dienten als Kommandoposten in Einheiten, die mit Sturmgeschützen vom Typ Semovente ausgerüstet waren.

Camionetta Desertica AS 37. Dieses leistungsstarke, von allen Kriegsparteien geschätzte Fahrzeug wurde auch nach dem Krieg weitergebaut. Als Grundlage diente der Carro Protetto AS 37.

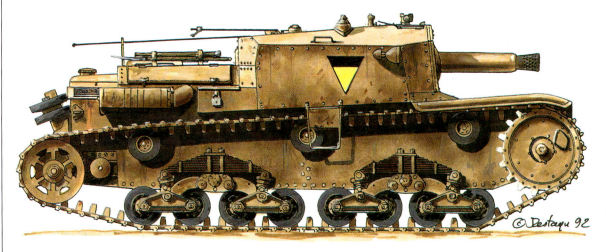

Unten: Details der Vorder- und Rückseite des Sermovente.

Sermovente M 49 da 75/18, Anfang 1942, stationiert in Cyrenaica. Dieses Sturmgeschütz gehörte zur 132. Panzerdivision Ariete. Im Januar 1942 war die Feuerkraft eines 75-mm-Geschützes weit und breit unerreicht.

DER ITALIENISCHE PANZER M 13/40

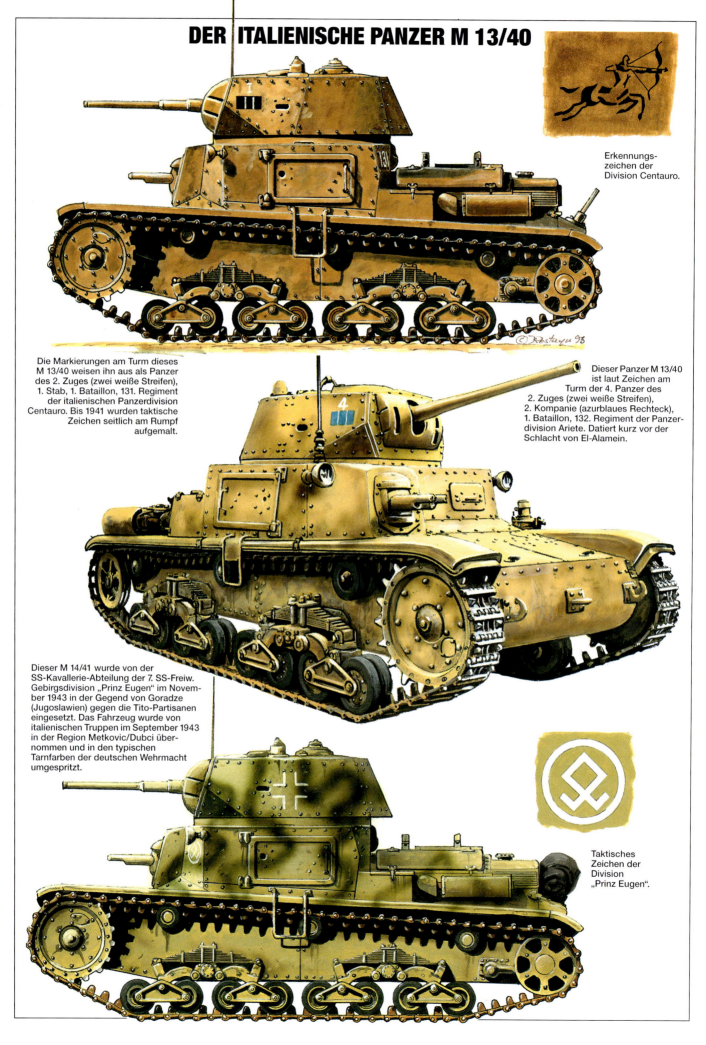

Erkennungszeichen der Division Centauro.

Die Markierungen am Turm dieses M 13/40 weisen ihn aus als Panzer des 2. Zuges (zwei weiße Streifen), 1. Stab, 1. Bataillon, 131. Regiment der italienischen Panzerdivision Centauro. Bis 1941 wurden taktische Zeichen seitlich am Rumpf aufgemalt.

Dieser Panzer M 13/40 ist laut Zeichen am Turm der 4. Panzer des 2. Zuges (zwei weiße Streifen), 2. Kompanie (azurblaues Rechteck), 1. Bataillon, 132. Regiment der Panzerdivision Ariete. Datiert kurz vor der Schlacht von El-Alamein.

Dieser M 14/41 wurde von der SS-Kavallerie-Abteilung der 7. SS-Freiw. Gebirgsdivision „Prinz Eugen" im November 1943 in der Gegend von Goradze (Jugoslawien) gegen die Tito-Partisanen eingesetzt. Das Fahrzeug wurde von italienischen Truppen im September 1943 in der Region Metkovic/Dubci übernommen und in den typischen Tarnfarben der deutschen Wehrmacht umgespritzt.

Taktisches Zeichen der Division „Prinz Eugen".

ITALIENISCHE UND DEUTSCHE PANZER

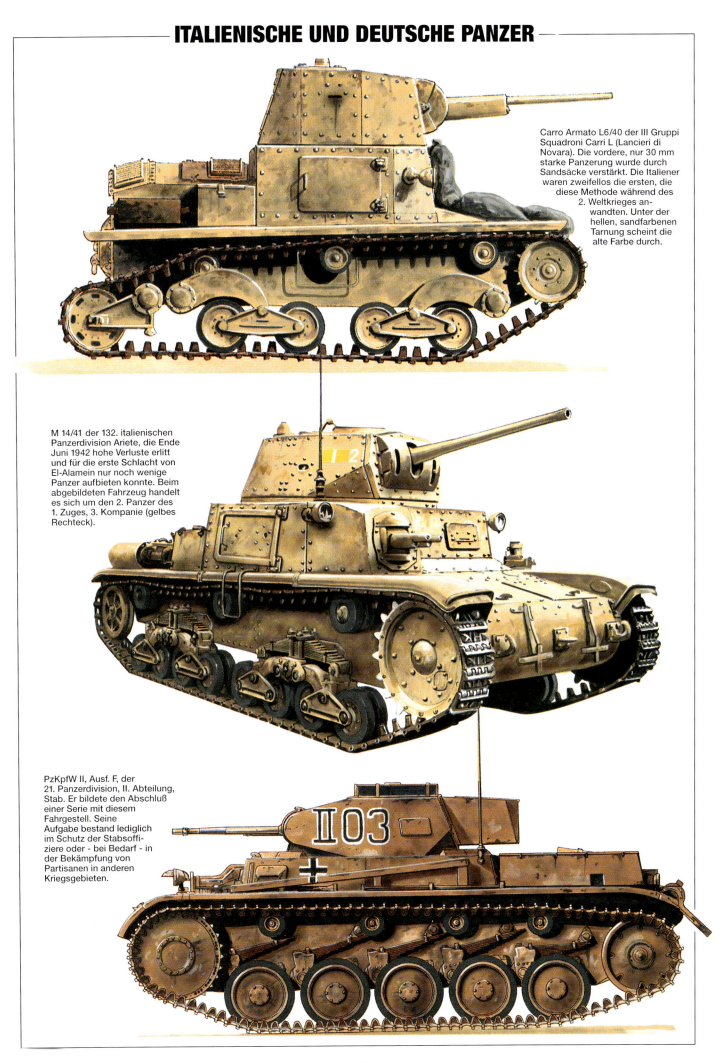

Carro Armato L6/40 der III Gruppi Squadroni Carri L (Lancieri di Novara). Die vordere, nur 30 mm starke Panzerung wurde durch Sandsäcke verstärkt. Die Italiener waren zweifellos die ersten, die diese Methode während des 2. Weltkrieges anwandten. Unter der hellen, sandfarbenen Tarnung scheint die alte Farbe durch.

M 14/41 der 132. italienischen Panzerdivision Ariete, die Ende Juni 1942 hohe Verluste erlitt und für die erste Schlacht von El-Alamein nur noch wenige Panzer aufbieten konnte. Beim abgebildeten Fahrzeug handelt es sich um den 2. Panzer des 1. Zuges, 3. Kompanie (gelbes Rechteck).

PzKpfW II, Ausf. F, der 21. Panzerdivision, II. Abteilung, Stab. Er bildete den Abschluß einer Serie mit diesem Fahrgestell. Seine Aufgabe bestand lediglich im Schutz der Stabsoffiziere oder - bei Bedarf - in der Bekämpfung von Partisanen in anderen Kriegsgebieten.

— 39 —

LEICHTE PANZERKAMPFWAGEN DES DEUTSCHEN AFRIKAKORPS

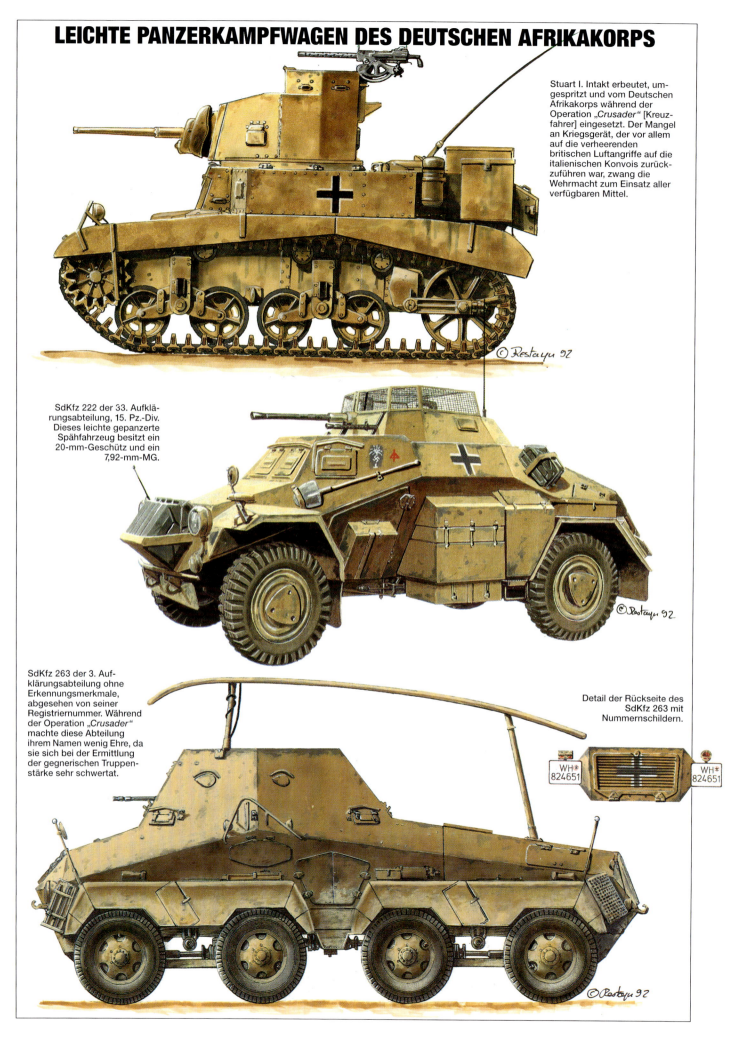

Stuart I. Intakt erbeutet, umgespritzt und vom Deutschen Afrikakorps während der Operation „Crusader" [Kreuzfahrer] eingesetzt. Der Mangel an Kriegsgerät, der vor allem auf die verheerenden britischen Luftangriffe auf die italienischen Konvois zurückzuführen war, zwang die Wehrmacht zum Einsatz aller verfügbaren Mittel.

SdKfz 222 der 33. Aufklärungsabteilung, 15. Pz.-Div. Dieses leichte gepanzerte Spähfahrzeug besitzt ein 20-mm-Geschütz und ein 7,92-mm-MG.

SdKfz 263 der 3. Aufklärungsabteilung ohne Erkennungsmerkmale, abgesehen von seiner Registriernummer. Während der Operation „Crusader" machte diese Abteilung ihrem Namen wenig Ehre, da sie sich bei der Ermittlung der gegnerischen Truppenstärke sehr schwertat.

Detail der Rückseite des SdKfz 263 mit Nummernschildern.

LEICHTE UND MITTLERE PANZER

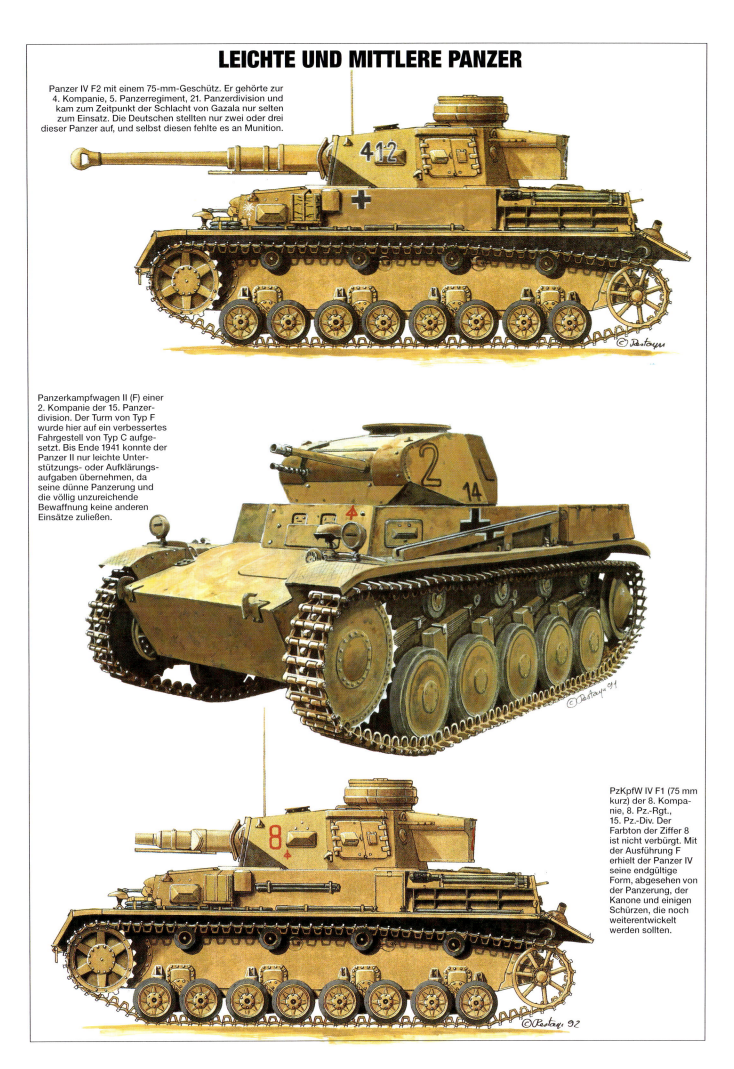

Panzer IV F2 mit einem 75-mm-Geschütz. Er gehörte zur 4. Kompanie, 5. Panzerregiment, 21. Panzerdivision und kam zum Zeitpunkt der Schlacht von Gazala nur selten zum Einsatz. Die Deutschen stellten nur zwei oder drei dieser Panzer auf, und selbst diesen fehlte es an Munition.

Panzerkampfwagen II (F) einer 2. Kompanie der 15. Panzerdivision. Der Turm von Typ F wurde hier auf ein verbessertes Fahrgestell von Typ C aufgesetzt. Bis Ende 1941 konnte der Panzer II nur leichte Unterstützungs- oder Aufklärungsaufgaben übernehmen, da seine dünne Panzerung und die völlig unzureichende Bewaffnung keine anderen Einsätze zuließen.

PzKpfW IV F1 (75 mm kurz) der 8. Kompanie, 8. Pz.-Rgt., 15. Pz.-Div. Der Farbton der Ziffer 8 ist nicht verbürgt. Mit der Ausführung F erhielt der Panzer IV seine endgültige Form, abgesehen von der Panzerung, der Kanone und einigen Schürzen, die noch weiterentwickelt werden sollten.

DEUTSCHE UND POLNISCHE PANZER III

PzKpfW III, Ausf. G, der von den Alliierten erbeutet und von einer polnischen Einheit, den Karpaten-Panzerjägern, im August 1942 in Ägypten eingesetzt wurde. Dieser Panzer wurde sicher während der ersten Schlacht von El-Alamein erobert. Die genannte Einheit besaß nur drei Panzer III (von 1 bis 3 numeriert), und zwar ausschließlich für Ausbildungszwecke.

Panzer III, Ausf. J, der 15. Panzerdivision. Das 50-mm-Geschütz konnte jeden damaligen Panzer der Alliierten vernichten. Das Afrikakorps besaß am 30. Juni 1942 nur 15 Panzer dieser Art, büßte sie aber alle während der ersten Gefechtswoche ein.

PzKpfW III (G) der 21. Panzerdivision. Der Panzer scheint neu zu sein, denn Sonne und Sand haben der Tarnfarbe kaum zugesetzt. Die Ausschnitte zeigen ein kleines schwarzes Karo hinten am Turm an der sog. „Rommelkiste". Ein anderer Panzer (Nr. 111) dieser Art wurde von den Briten erobert. Auf der Frontplatte trug er das Kennzeichen A 100.

PANZER III DES DEUTSCHEN AFRIKAKORPS

Panzer III (G) mit einem 50-mm-Geschütz kurz. Er gehörte zur 3. Kompanie, 5. Pz.-Rgt., 21. Pz.-Div. und trägt noch immer die für den Wüsteneinsatz viel zu auffälligen weißen Ziffern. Außerdem scheint das Sandgelb direkt auf den grauen Untergrund aufgespritzt worden zu sein, der an der europäischen Front vorgeschrieben war.

PzKpfW III, J, (50 mm kurz) der 5. Kompanie, 8. Pz.-Rgt., 15. Pz.-Div. Die Ziffer 5 wiederholt sich hinten am Turm. Das Palmensymbol des Deutschen Afrikakorps (DAK) befindet sich links vom Sehschlitz des Fahrers.

Panzer III der 1. Kompanie. 8. Pz.-Rgt., 15. Pz.-Div. Dieser Panzer wurde als erster dem DAK im Mai 1942 zugewiesen. Damals verfügte Rommel nur über 19 Panzer III mit einem 50-mm-Geschütz lang. Die rote Erkennungszahl ist hinten am Turm noch einmal aufgemalt.

PANZER IV UND PANZERJÄGER

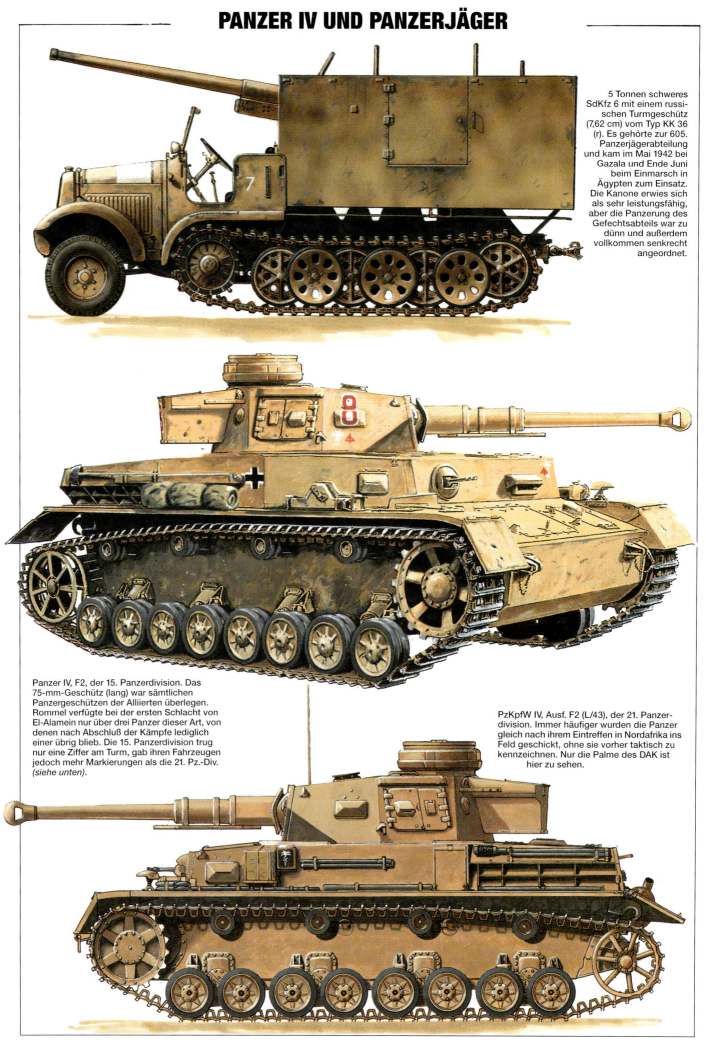

5 Tonnen schweres SdKfz 6 mit einem russischen Turmgeschütz (7,62 cm) vom Typ KK 36 (r). Es gehörte zur 605. Panzerjägerabteilung und kam im Mai 1942 bei Gazala und Ende Juni beim Einmarsch in Ägypten zum Einsatz. Die Kanone erwies sich als sehr leistungsfähig, aber die Panzerung des Gefechtsabteils war zu dünn und außerdem vollkommen senkrecht angeordnet.

Panzer IV, F2, der 15. Panzerdivision. Das 75-mm-Geschütz (lang) war sämtlichen Panzergeschützen der Alliierten überlegen. Rommel verfügte bei der ersten Schlacht von El-Alamein nur über drei Panzer dieser Art, von denen nach Abschluß der Kämpfe lediglich einer übrig blieb. Die 15. Panzerdivision trug nur eine Ziffer am Turm, gab ihren Fahrzeugen jedoch mehr Markierungen als die 21. Pz.-Div. *(siehe unten)*.

PzKpfW IV, Ausf. F2 (L/43), der 21. Panzerdivision. Immer häufiger wurden die Panzer gleich nach ihrem Eintreffen in Nordafrika ins Feld geschickt, ohne sie vorher taktisch zu kennzeichnen. Nur die Palme des DAK ist hier zu sehen.

TRANSPORTFAHRZEUGE DER PANZERARMEE AFRIKA

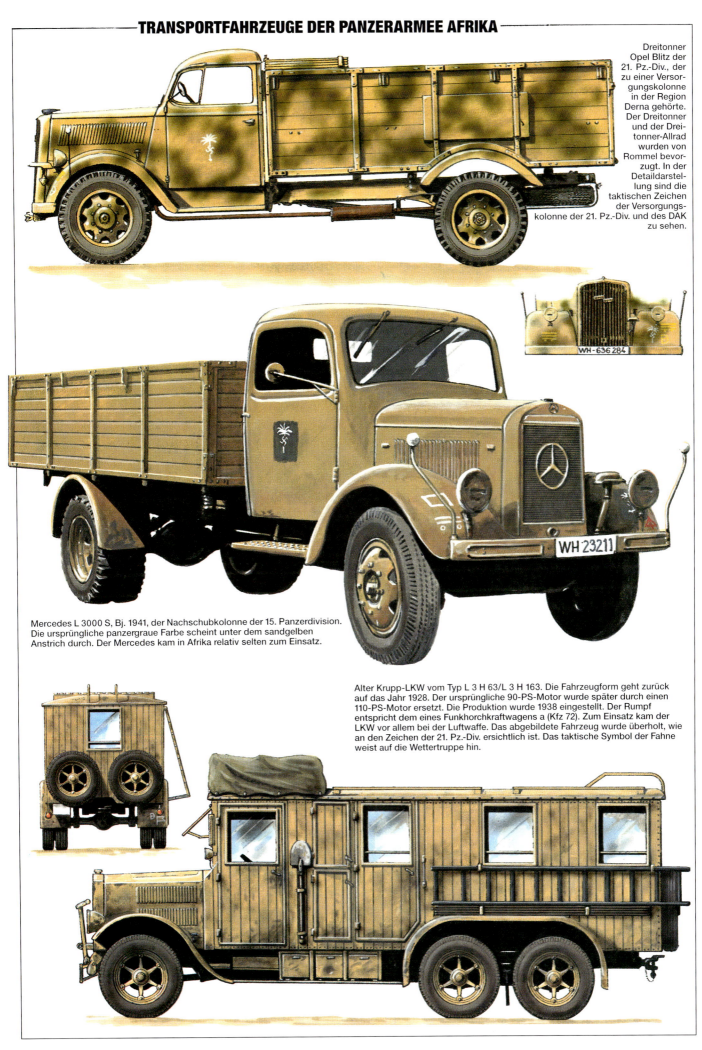

Dreitonner Opel Blitz der 21. Pz.-Div., der zu einer Versorgungskolonne in der Region Derna gehörte. Der Dreitonner und der Dreitonner-Allrad wurden von Rommel bevorzugt. In der Detaildarstellung sind die taktischen Zeichen der Versorgungskolonne der 21. Pz.-Div. und des DAK zu sehen.

Mercedes L 3000 S, Bj. 1941, der Nachschubkolonne der 15. Panzerdivision. Die ursprüngliche panzergraue Farbe scheint unter dem sandgelben Anstrich durch. Der Mercedes kam in Afrika relativ selten zum Einsatz.

Alter Krupp-LKW vom Typ L 3 H 63/L 3 H 163. Die Fahrzeugform geht zurück auf das Jahr 1928. Der ursprüngliche 90-PS-Motor wurde später durch einen 110-PS-Motor ersetzt. Die Produktion wurde 1938 eingestellt. Der Rumpf entspricht dem eines Funkhorchkraftwagens a (Kfz 72). Zum Einsatz kam der LKW vor allem bei der Luftwaffe. Das abgebildete Fahrzeug wurde überholt, wie an den Zeichen der 21. Pz.-Div. ersichtlich ist. Das taktische Symbol der Fahne weist auf die Wettertruppe hin.

DIE ERSTEN BRITISCHEN PANZER IM WÜSTENEINSATZ, 1940-1941

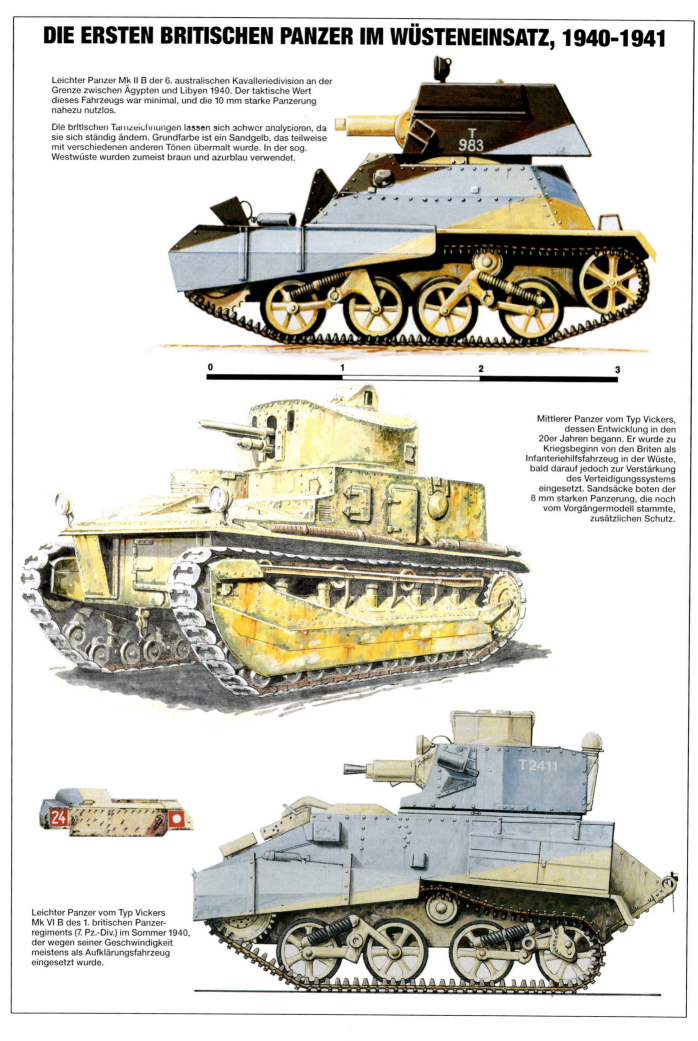

Leichter Panzer Mk II B der 6. australischen Kavalleriedivision an der Grenze zwischen Ägypten und Libyen 1940. Der taktische Wert dieses Fahrzeugs war minimal, und die 10 mm starke Panzerung nahezu nutzlos.

Die britischen Tarnzeichnungen lassen sich schwer analysieren, da sie sich ständig ändern. Grundfarbe ist ein Sandgelb, das teilweise mit verschiedenen anderen Tönen übermalt wurde. In der sog. Westwüste wurden zumeist braun und azurblau verwendet.

Mittlerer Panzer vom Typ Vickers, dessen Entwicklung in den 20er Jahren begann. Er wurde zu Kriegsbeginn von den Briten als Infanteriehilfsfahrzeug in der Wüste, bald darauf jedoch zur Verstärkung des Verteidigungssystems eingesetzt. Sandsäcke boten der 8 mm starken Panzerung, die noch vom Vorgängermodell stammte, zusätzlichen Schutz.

Leichter Panzer vom Typ Vickers Mk VI B des 1. britischen Panzerregiments (7. Pz.-Div.) im Sommer 1940, der wegen seiner Geschwindigkeit meistens als Aufklärungsfahrzeug eingesetzt wurde.

LEICHTE PANZER VOM TYP MARK VI IN EUROPA UND NORDAFRIKA

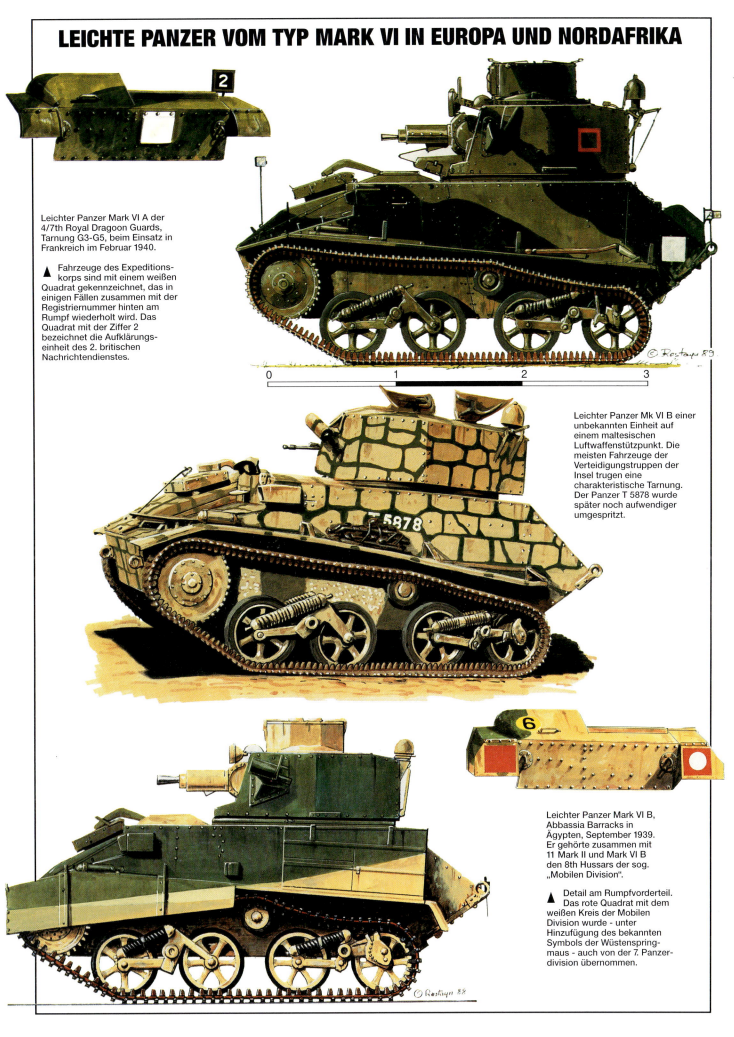

Leichter Panzer Mark VI A der 4/7th Royal Dragoon Guards, Tarnung G3-G5, beim Einsatz in Frankreich im Februar 1940.

▲ Fahrzeuge des Expeditionskorps sind mit einem weißen Quadrat gekennzeichnet, das in einigen Fällen zusammen mit der Registriernummer hinten am Rumpf wiederholt wird. Das Quadrat mit der Ziffer 2 bezeichnet die Aufklärungseinheit des 2. britischen Nachrichtendienstes.

Leichter Panzer Mk VI B einer unbekannten Einheit auf einem maltesischen Luftwaffenstützpunkt. Die meisten Fahrzeuge der Verteidigungstruppen der Insel trugen eine charakteristische Tarnung. Der Panzer T 5878 wurde später noch aufwendiger umgespritzt.

Leichter Panzer Mark VI B, Abbassia Barracks in Ägypten, September 1939. Er gehörte zusammen mit 11 Mark II und Mark VI B den 8th Hussars der sog. „Mobilen Division".

▲ Detail am Rumpfvorderteil. Das rote Quadrat mit dem weißen Kreis der Mobilen Division wurde - unter Hinzufügung des bekannten Symbols der Wüstenspringmaus - auch von der 7. Panzerdivision übernommen.

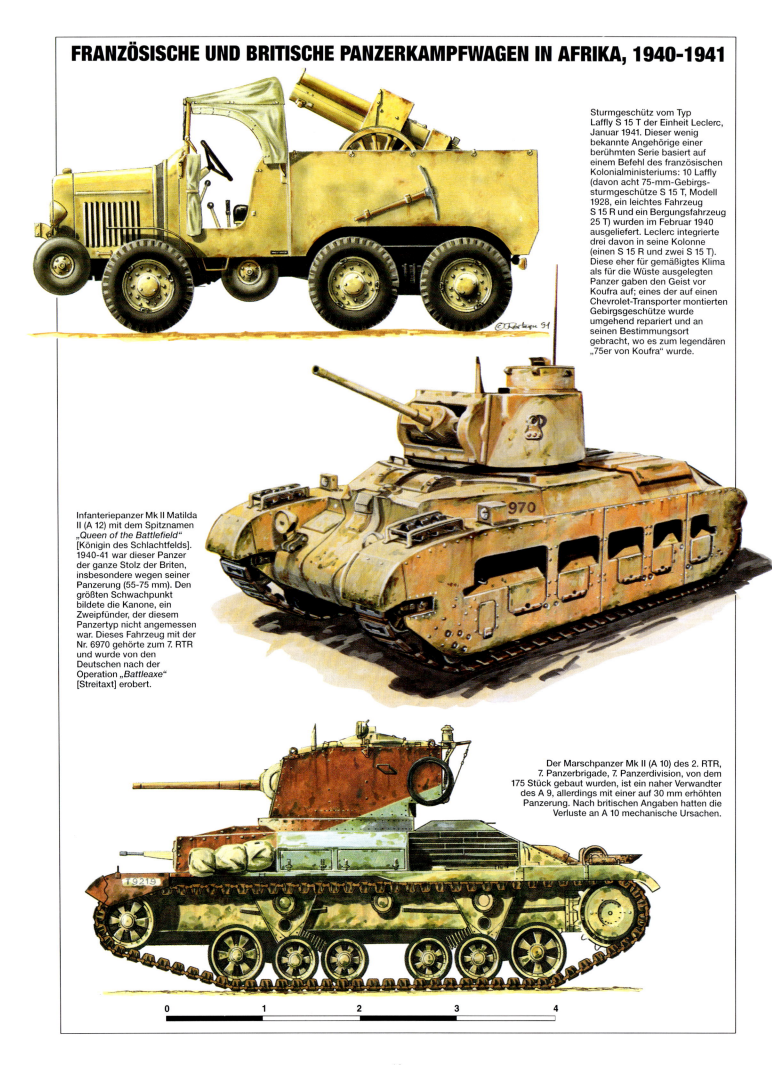

FRANZÖSISCHE UND BRITISCHE PANZERKAMPFWAGEN IN AFRIKA, 1940-1941

Sturmgeschütz vom Typ Laffly S 15 T der Einheit Leclerc, Januar 1941. Dieser wenig bekannte Angehörige einer berühmten Serie basiert auf einem Befehl des französischen Kolonialministeriums: 10 Laffly (davon acht 75-mm-Gebirgssturmgeschütze S 15 T, Modell 1928, ein leichtes Fahrzeug S 15 R und ein Bergungsfahrzeug 25 T) wurden im Februar 1940 ausgeliefert. Leclerc integrierte drei davon in seine Kolonne (einen S 15 R und zwei S 15 T). Diese eher für gemäßigtes Klima als für die Wüste ausgelegten Panzer gaben den Geist vor Koufra auf; eines der auf einen Chevrolet-Transporter montierten Gebirgsgeschütze wurde umgehend repariert und an seinen Bestimmungsort gebracht, wo es zum legendären „75er von Koufra" wurde.

Infanteriepanzer Mk II Matilda II (A 12) mit dem Spitznamen „Queen of the Battlefield" [Königin des Schlachtfelds]. 1940-41 war dieser Panzer der ganze Stolz der Briten, insbesondere wegen seiner Panzerung (55-75 mm). Den größten Schwachpunkt bildete die Kanone, ein Zweipfünder, der diesem Panzertyp nicht angemessen war. Dieses Fahrzeug mit der Nr. 6970 gehörte zum 7. RTR und wurde von den Deutschen nach der Operation „Battleaxe" [Streitaxt] erobert.

Der Marschpanzer Mk II (A 10) des 2. RTR, 7. Panzerbrigade, 7. Panzerdivision, von dem 175 Stück gebaut wurden, ist ein naher Verwandter des A 9, allerdings mit einer auf 30 mm erhöhten Panzerung. Nach britischen Angaben hatten die Verluste an A 10 mechanische Ursachen.

BRITISCHE INFANTERIEPANZER

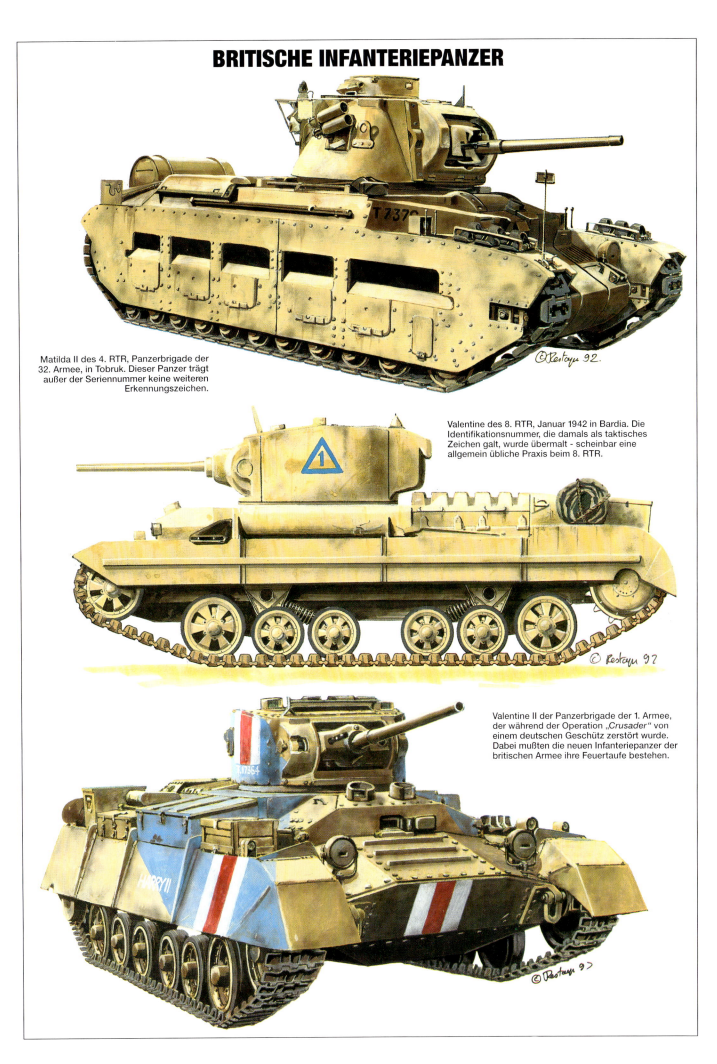

Matilda II des 4. RTR, Panzerbrigade der 32. Armee, in Tobruk. Dieser Panzer trägt außer der Seriennummer keine weiteren Erkennungszeichen.

Valentine des 8. RTR, Januar 1942 in Bardia. Die Identifikationsnummer, die damals als taktisches Zeichen galt, wurde übermalt - scheinbar eine allgemein übliche Praxis beim 8. RTR.

Valentine II der Panzerbrigade der 1. Armee, der während der Operation „Crusader" von einem deutschen Geschütz zerstört wurde. Dabei mußten die neuen Infanteriepanzer der britischen Armee ihre Feuertaufe bestehen.

PANZERKAMPFWAGEN DER 8. BRITISCHEN ARMEE

Matilda Mk II des 7. RTR, von den Deutschen funktionstüchtig erobert und sofort wieder in Dienst gestellt, denn der Mangel an Panzern war das größte Handicap des Afrikakorps. Der Name „*Gazelle III*" läßt vermuten, daß *Gazelle I* und *II* kein beneidenswertes Ende nahmen.

Panzerbefehlswagen vom Typ Dorchester AEC des Stabs der 2. Panzerdivision. Wegen seiner großzügigen Abmessungen waren die erbeuteten Dorchester sehr beliebt bei deutschen Generälen. Rommel, Streich und Crüwell benutzten sie unter dem Namen „*Mammut*" als Kommandofahrzeuge. Die Tarnfarben sind wüstengelb, hellblau und grün/schwarz. Die Ziffer 3 ist auf allen Seiten des Fahrzeugs aufgemalt.

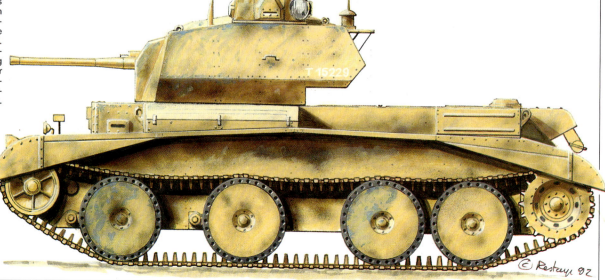

Ein Marschpanzer A 13 des 2. britischen Panzerregiments, Ende November 1941. Die alte hellblaue Tarnung scheint unter der wüstengelben Übermalung durch.

DER INFANTERIEPANZER MATILDA II

Der „*Gorgonzola*" war eine Matilda II der 7. RTR im Mai 1940 an der französischen Front. Die Tarnung war in zwei verschiedenen Grüntönen ausgeführt. Das Name des Panzers ist am Rumpf und hinten verzeichnet. Das weiße Quadrat war 1939-40 das Nationalitätenkennzeichen der britischen Expeditionsstreitkräfte.

Matilda II des 7. RTR bei der Einnahme von Bardia im Januar 1941. Der Panzer wurde in der für das erste Jahr des Wüstenkrieges typischen Tarnung in sand, grün und schwarz umgespritzt. Die weiß-rot-weißen Erkennungsstreifen sind besonders am Rumpf und Turm zu finden.

Matilda II der Panzerbrigade der 32. Armee vom März 1942. Dieser Panzer des 4. RTR wurde bei der Verteidigung von Tobruk eingesetzt. Diese Aufgabe schien auf die Matildas zugeschnitten zu sein. Die geringe Geschwindigkeit ließ eine Beteiligung an Gefechten über große Entfernungen in der Wüste nicht zu. Die in Europa verwendete grüne Farbe ist unter der sandfarbenen Schicht noch sichtbar.

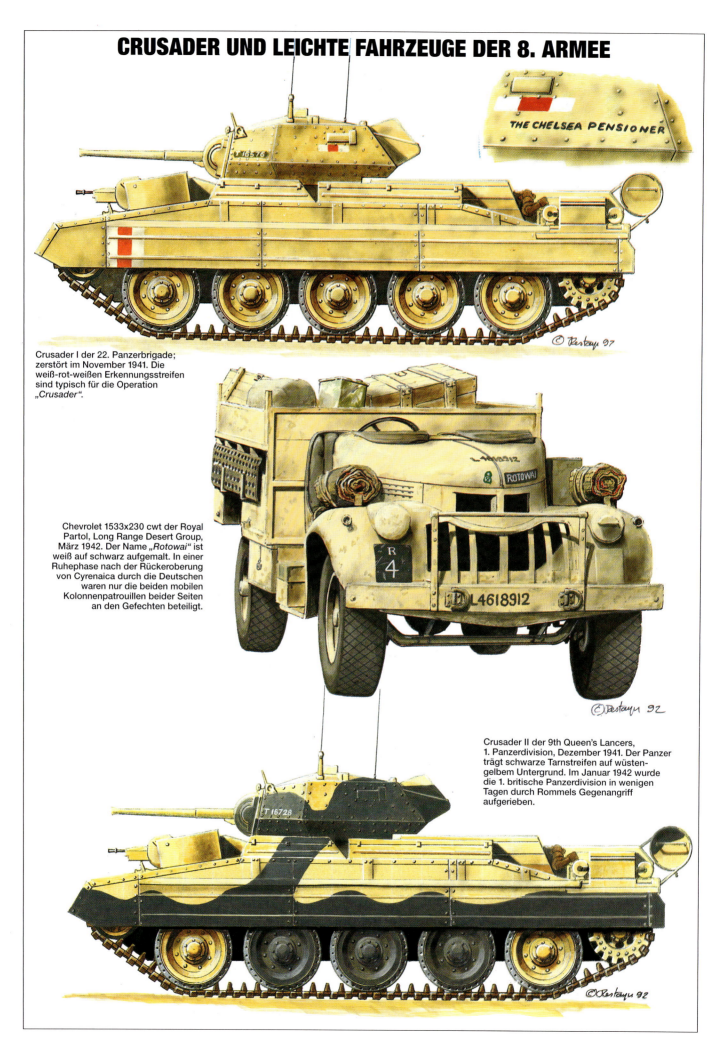

CRUSADER UND LEICHTE FAHRZEUGE DER 8. ARMEE

Crusader I der 22. Panzerbrigade; zerstört im November 1941. Die weiß-rot-weißen Erkennungsstreifen sind typisch für die Operation „Crusader".

Chevrolet 1533x230 cwt der Royal Partol, Long Range Desert Group, März 1942. Der Name „Rotowai" ist weiß auf schwarz aufgemalt. In einer Ruhephase nach der Rückeroberung von Cyrenaica durch die Deutschen waren nur die beiden mobilen Kolonnenpatrouillen beider Seiten an den Gefechten beteiligt.

Crusader II der 9th Queen's Lancers, 1. Panzerdivision, Dezember 1941. Der Panzer trägt schwarze Tarnstreifen auf wüstengelbem Untergrund. Im Januar 1942 wurde die 1. britische Panzerdivision in wenigen Tagen durch Rommels Gegenangriff aufgerieben.

CRUSADER DER 8. ARMEE

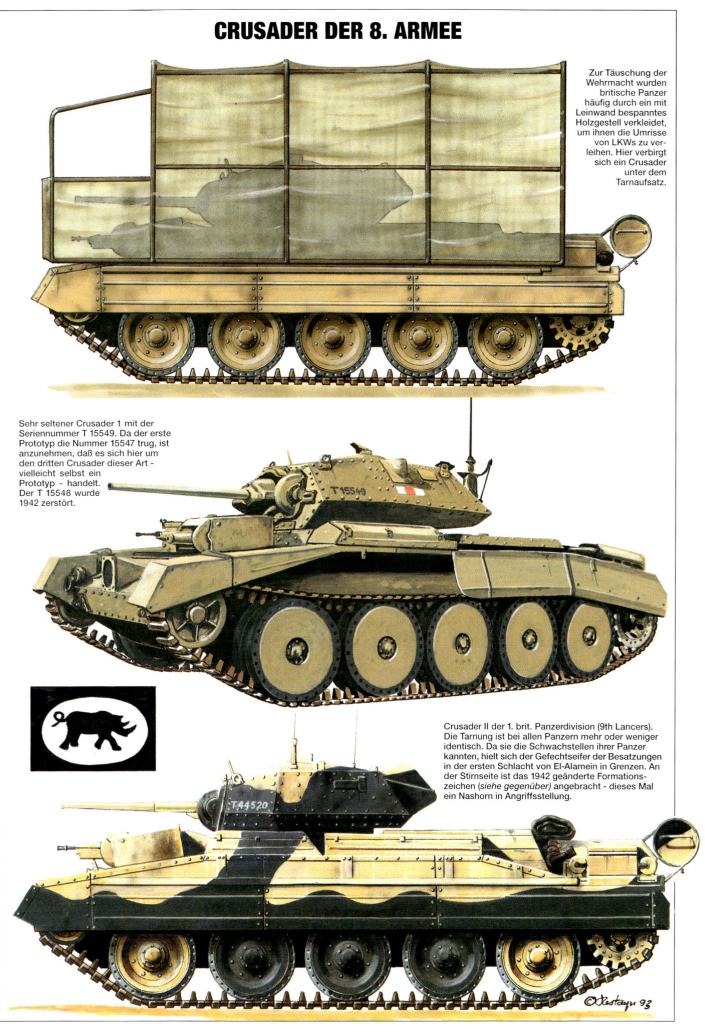

Zur Täuschung der Wehrmacht wurden britische Panzer häufig durch ein mit Leinwand bespanntes Holzgestell verkleidet, um ihnen die Umrisse von LKWs zu verleihen. Hier verbirgt sich ein Crusader unter dem Tarnaufsatz.

Sehr seltener Crusader 1 mit der Seriennummer T 15549. Da der erste Prototyp die Nummer 15547 trug, ist anzunehmen, daß es sich hier um den dritten Crusader dieser Art - vielleicht selbst ein Prototyp - handelt. Der T 15548 wurde 1942 zerstört.

Crusader II der 1. brit. Panzerdivision (9th Lancers). Die Tarnung ist bei allen Panzern mehr oder weniger identisch. Da sie die Schwachstellen ihrer Panzer kannten, hielt sich der Gefechtseifer der Besatzungen in der ersten Schlacht von El-Alamein in Grenzen. An der Stirnseite ist das 1942 geänderte Formationszeichen *(siehe gegenüber)* angebracht - dieses Mal ein Nashorn in Angriffsstellung.

AMERIKANISCHE PANZER DER 8. ARMEE

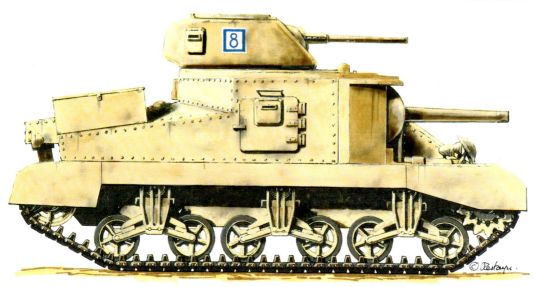

Ein Grant der 1. Panzerdivision. Er gehörte zu einer Schwadron D einer nicht identifizierten Einheit. Das abgebildete Fahrzeug wurde in der Schlacht von Gazala zerstört.

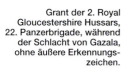

Grant der 2. Royal Gloucestershire Hussars, 22. Panzerbrigade, während der Schlacht von Gazala, ohne äußere Erkennungszeichen.

Stuart M3 des 3. RTR in Libyen, März-April 1942. Dieser wüstengelb gespritzte Panzer gehörte zur Schwadron A des Bataillons. Vor der Schlacht von Gazala wurden einige gemischte Einheiten aus Stuarts und Grants gebildet, um die schwache Bewaffnung der Stuarts auszugleichen.

BRITISCHE PANZER

Grant der 7. Panzerdivision. Die Zahl 86 weist ihn der 1. Panzerbrigade des 2. Regiments zu. Im Juli 1942 besaß die 7. Panzerdivision keinen einzigen mittleren Panzer mehr. Der hier abgebildete war wahrscheinlich kurz vorher zur 1. Panzerdivision abkommandiert worden.

Dieser Grant ohne jegliche Divisionskennzeichen wurde der 1. Panzerdivision unterstellt. Die Markierung am Turm deutet auf die Zugehörigkeit zum 3. Zug, Schwadron A, hin.

Valentine des 4. RTR, der in der zweiten Schlacht von Ruweisat zerstört wurde. Er gehörte zur Panzerbrigade der 32. Armee, die am 22. Juli vollständig vernichtet wurde. Das Auge am Turm geht auf eine Anekdote des RTR aus dem 1. Weltkrieg zurück, derzufolge ein chinesischer Arbeiter gefragt haben soll: „Wie können Panzer sehen, wo sie doch keine Augen haben?"

DER MITTLERE PANZER M3 LEE/GRANT, 1942

Grant I der Schwadron B, 3. RTR (8. Panzerbrigade, 10. Panzerdivision) in El-Alamein, Oktober 1942.

Grant I des 1. RTR im August 1942, der vom Afrikakorps während der Schlacht von Tobruk erobert wurde.

Vorderansicht des amerikanischen Panzers Lee.

Mittlerer Panzer M 3 General Lee des 2. Zuges, Kompanie E, 2. Bataillon des 13. Panzerregiments, 1. US-Panzerdivision, in Tunesien, Dezember 1942.

BRITISCHE TRANSPORTFAHRZEUGE

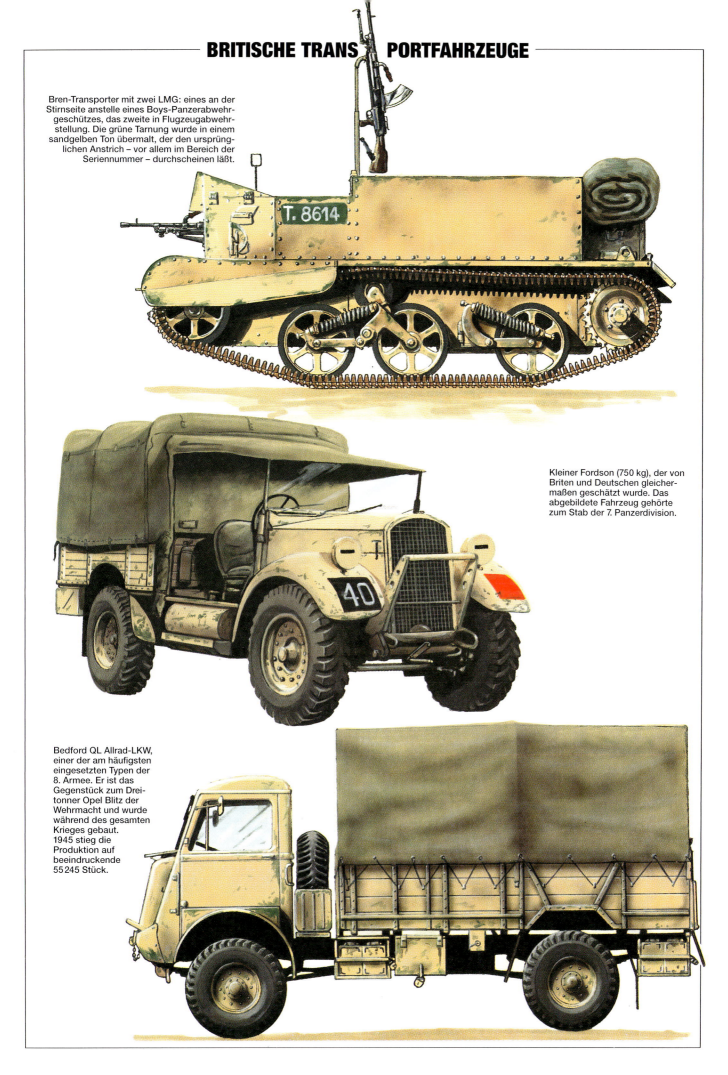

Bren-Transporter mit zwei LMG: eines an der Stirnseite anstelle eines Boys-Panzerabwehrgeschützes, das zweite in Flugzeugabwehrstellung. Die grüne Tarnung wurde in einem sandgelben Ton übermalt, der den ursprünglichen Anstrich – vor allem im Bereich der Seriennummer – durchscheinen läßt.

Kleiner Fordson (750 kg), der von Briten und Deutschen gleichermaßen geschätzt wurde. Das abgebildete Fahrzeug gehörte zum Stab der 7. Panzerdivision.

Bedford QL Allrad-LKW, einer der am häufigsten eingesetzten Typen der 8. Armee. Er ist das Gegenstück zum Dreitonner Opel Blitz der Wehrmacht und wurde während des gesamten Krieges gebaut. 1945 stieg die Produktion auf beeindruckende 55 245 Stück.

1941: DIE OSTFRONT

LEICHTE DEUTSCHE PANZERKAMPFWAGEN

PzKpfW II, Ausf. II, der 1. Panzerdivision, 2. Abteilung. Obwohl es sich hierbei um die modernste Version des Panzer II handelte (mit etwas stärkerer Panzerung), waren dieser Typ und der Panzer I praktisch allen sowjetischen Panzerkampfwagen, die zur Verteidigung Moskaus eingesetzt wurden, unterlegen.

PzKpfW 38 (t) des 25. Panzerregiments (7. Panzerdivision), der bereits im Frankreichfeldzug gekämpft hatte und bei der Schlacht um Moskau außer Gefecht gesetzt wurde. Die roten Ziffern auf weißem Untergrund wurden mit einer dünnen weißen Übermalung nahezu unkenntlich gemacht. Auch der Panzer selbst wurde hell überstrichen.

(Sechsrad-)SdKfz 231 einer unbekannten Einheit. Der rote Name „Puma" auf dem Rumpf deutet auf die Aufklärungseinheit einer Panzerdivision hin. Diese Art Fahrzeuge war dem Klima in Mittelrußland nicht gewachsen. Das (Sechsrad-)SdKfz 231 wurde ab 1942 nicht mehr an der Front eingesetzt.

DEUTSCHE PANZERFAHRZEUGE, FRÜHJAHR 1941

PzKpfW 35 (t) Skoda des 11. Pz.-Rgts., 6. Panzerdivision, beim Vorstoß auf Leningrad. Aus mechanischer Sicht erwiesen sich die Skoda 35 und 38 (t) als uneingeschränkt zuverlässig. Allerdings reichte ihre Panzerung bei weitem nicht aus, so daß die Verluste sehr hoch ausfielen. Außerdem konnte ihr 3,7-cm-Geschütz den meisten sowjetischen Panzern nicht viel anhaben, denn deren Bewaffnung bestand mindestens aus einem 45-mm-Geschütz, das den damaligen tschechischen Panzern weit überlegen war.

SdKfz 263 der 6. Panzeraufklärungsabteilung, 6. Panzerdivision, beim Vorstoß auf Leningrad. Dank solcher Fahrzeuge konnte die Wehrmacht einige Mängel ihrer gepanzerten Einheiten ausgleichen und der Mehrzahl der sowjetischen Panzerbrigaden bzw. -divisionen ihre überwältigende taktische Überlegenheit beweisen.

PzKpfW 38 (t) der 7. Kompanie des 10. Panzerregiments. Dieser Skoda-Panzer der 8. Panzerdivision verfügt an der Turmrückseite über einen Käfig zum Verstauen der Gefechtsausrüstung. Hierbei handelt es sich wahrscheinlich um eine Feldversion des beim Afrikakorps verwendeten Typs.

LEICHTE DEUTSCHE PANZER, FRÜHJAHR 1941

PzKpfW I der 14. Panzerdivision, der den Anforderungen ab 1940 nicht mehr genügte, allerdings weiterhin von Stäben, Hilfs- und Aufklärungseinheiten eingesetzt wurde. Im Juni 1941 verfügte die Wehrmacht noch über 181 Panzer I an der Front.

Kleiner Panzerbefehlswagen I B der 7. Panzerdivision. Hier ist einmalig, daß die Antenne von den Mechanikern der Einheit an der Front gebaut wurde. Die Fahrzeuge waren von immenser taktische Bedeutung und trugen in großem Maße zu den anfänglichen Erfolgen Deutschlands über die sowjetischen Panzer bei, obwohl letztere im allgemeinen besser ausgerüstet und zahlenmäßig überlegen waren. Die Leistungsstärke der Panzerwaffe während der Operation „Barbarossa" und anderen Feldzügen ist dem ausgezeichneten Verbindungs- und Kommunikationssystem zuzuschreiben.

PzKpfW II C der 2. Stabsabteilung, 7. Panzerdivision. Die großen rot-weißen Ziffern waren typisch für diese Einheit und wurden bereits seit dem Überfall auf Frankreich im Jahre 1940 benutzt. Im Juni 1941 spielte der Panzer II noch immer eine wichtige Rolle im Rahmen des Heeresbestandes, obwohl er von der Mehrzahl der russischen Panzer inzwischen überflügelt wurde. Die 7. Panzerdivision besaß insgesamt 746 Stück.

MITTLERE DEUTSCHE PANZER, FRÜHJAHR 1941

PzKpfW III, Ausf. H, des 33. Panzerregiments (9. Panzerdivision), der bei den Gefechten in der Region Biala Zerkiew, südlich von Kiew, Mitte Juli 1941 eingesetzt wurde. Damals waren noch nicht alle Panzer III mit dem 5-cm-Geschütz KwK/L 42 ausgerüstet. Obwohl es den 3,7-cm-Kanonen der ersten Kämpfe überlegen war, hatte es keinerlei Chancen gegen die 5-cm-Geschütze der T 34. Das KwK/L42 konnte einen T 34 aus 800 m Entfernung zerstören, während das 7,62-mm-Geschütz des T 34 einen Panzer II noch in ca. 1.500 Metern vernichten konnte.

Ein Panzer IV, Ausführung D, der 1. Panzerdivision während der Gefechte um den Brückenkopf an der Luga am 13. Juli 1941. Wie bei allen Fahrzeugen dieser Division sind die Zahlen (hier 423) in weiß gehalten und wiederholen sich an der Turmrückseite.
Das Eichenblatt als Divisionszeichen wurden nach dem Frankreichfeldzug von einem dreizackigen gelben Stern abgelöst.

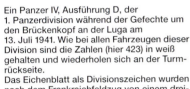

PzKpfW III, Ausf. E/F, der 2. Panzerabteilung, 13. Panzerdivision. Das 3,7-cm-Geschütz konnte nichts gegen die Mehrzahl der russischen Panzer ausrichten, denn sogar die T 26 besaßen ein 45-mm-Kaliber. Obwohl die Wehrmacht vor der Operation „Barbarossa" alle 3,7-cm-Geschütze gegen 5-cm-Kaliber austauschte, zogen viele Panzer III noch mit ihrer ursprünglichen Bewaffnung ins Feld.

PANZER III

Der Panzerbefehlswagen III von Oberst Koll, Befehlshaber des 11. Panzerregiments (6. Panzerdivision), Oktober 1941. Die graue Grundfarbe wurde mit einem weißen Anstrich übermalt, der jedoch an den am meisten beanspruchten Stellen wieder abblätterte. Das weiße „R06" wiederholt sich hinten am Turm.

PzKpfW III, Ausf. G, der 1. Panzerdivision, 2. Abteilung. Das 50-mm-Geschütz (kurz) war zu schwach für den Klim Woroschilow [KW] 1. Um einen T 34 zu zerstören, mußte der PzKpfW so nahe wie möglich an sein Ziel herankommen und lief dabei Gefahr, selbst vernichtet zu werden.

PzKpfW III, Ausf. E/F, der 1. Panzerabteilung, 5. Panzerdivision. Die roten Ziffern und das Erkennungszeichen der Einheit blieben sichtbar, während der Teufelskopf übermalt wurde, weil er sich wahrscheinlich zu stark vom weißen Hintergrund abhob.

STURMGESCHÜTZE UND PANZER IV

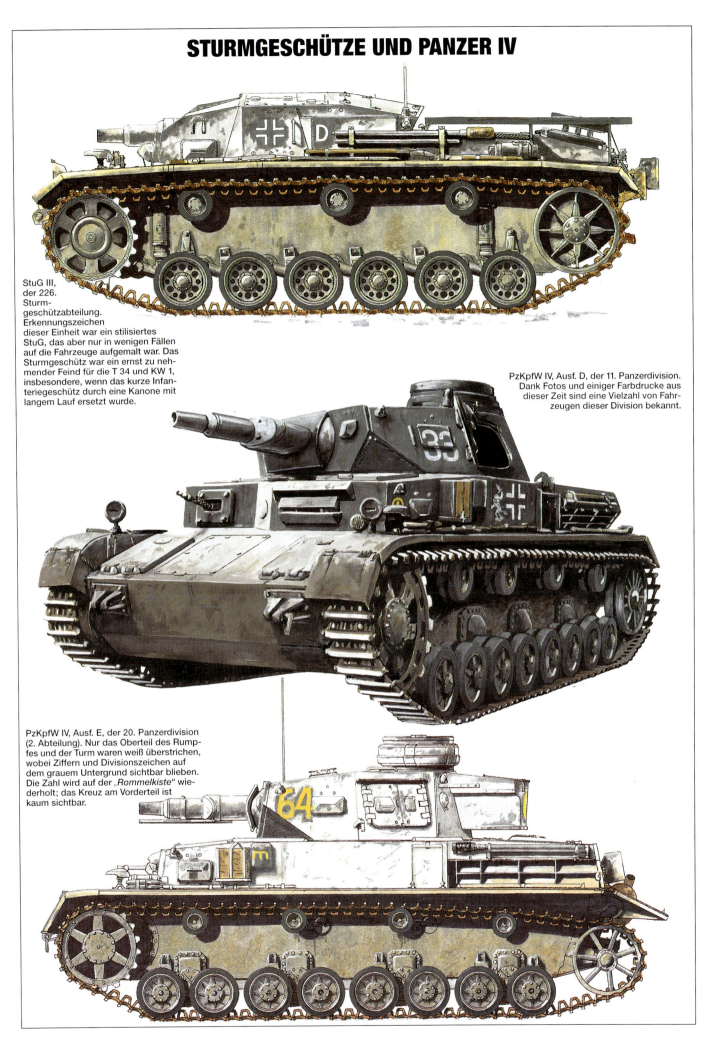

StuG III, der 226. Sturmgeschützabteilung. Erkennungszeichen dieser Einheit war ein stilisiertes StuG, das aber nur in wenigen Fällen auf die Fahrzeuge aufgemalt war. Das Sturmgeschütz war ein ernst zu nehmender Feind für die T 34 und KW 1, insbesondere, wenn das kurze Infanteriegeschütz durch eine Kanone mit langem Lauf ersetzt wurde.

PzKpfW IV, Ausf. D, der 11. Panzerdivision. Dank Fotos und einiger Farbdrucke aus dieser Zeit sind eine Vielzahl von Fahrzeugen dieser Division bekannt.

PzKpfW IV, Ausf. E, der 20. Panzerdivision (2. Abteilung). Nur das Oberteil des Rumpfes und der Turm waren weiß überstrichen, wobei Ziffern und Divisionszeichen auf dem grauem Untergrund sichtbar blieben. Die Zahl wird auf der „Rommelkiste" wiederholt; das Kreuz am Vorderteil ist kaum sichtbar.

DER RUSSLANDFELDZUG DER 1. DEUTSCHEN PANZERDIVISION, JUNI 1941

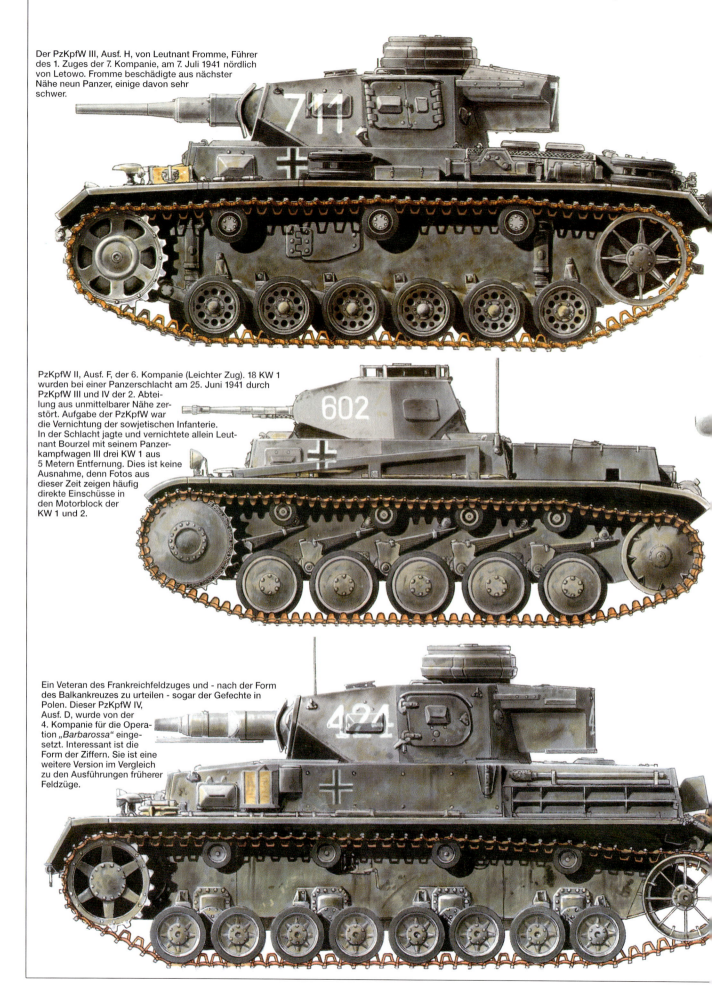

Der PzKpfW III, Ausf. H, von Leutnant Fromme, Führer des 1. Zuges der 7. Kompanie, am 7. Juli 1941 nördlich von Letowo. Fromme beschädigte aus nächster Nähe neun Panzer, einige davon sehr schwer.

PzKpfW II, Ausf. F, der 6. Kompanie (Leichter Zug). 18 KW 1 wurden bei einer Panzerschlacht am 25. Juni 1941 durch PzKpfW III und IV der 2. Abteilung aus unmittelbarer Nähe zerstört. Aufgabe der PzKpfW war die Vernichtung der sowjetischen Infanterie. In der Schlacht jagte und vernichtete allein Leutnant Bourzel mit seinem Panzerkampfwagen III drei KW 1 aus 5 Metern Entfernung. Dies ist keine Ausnahme, denn Fotos aus dieser Zeit zeigen häufig direkte Einschüsse in den Motorblock der KW 1 und 2.

Ein Veteran des Frankreichfeldzuges und - nach der Form des Balkankreuzes zu urteilen - sogar der Gefechte in Polen. Dieser PzKpfW IV, Ausf. D, wurde von der 4. Kompanie für die Operation „Barbarossa" eingesetzt. Interessant ist die Form der Ziffern. Sie ist eine weitere Version im Vergleich zu den Ausführungen früherer Feldzüge.

BIS DEZEMBER 1942

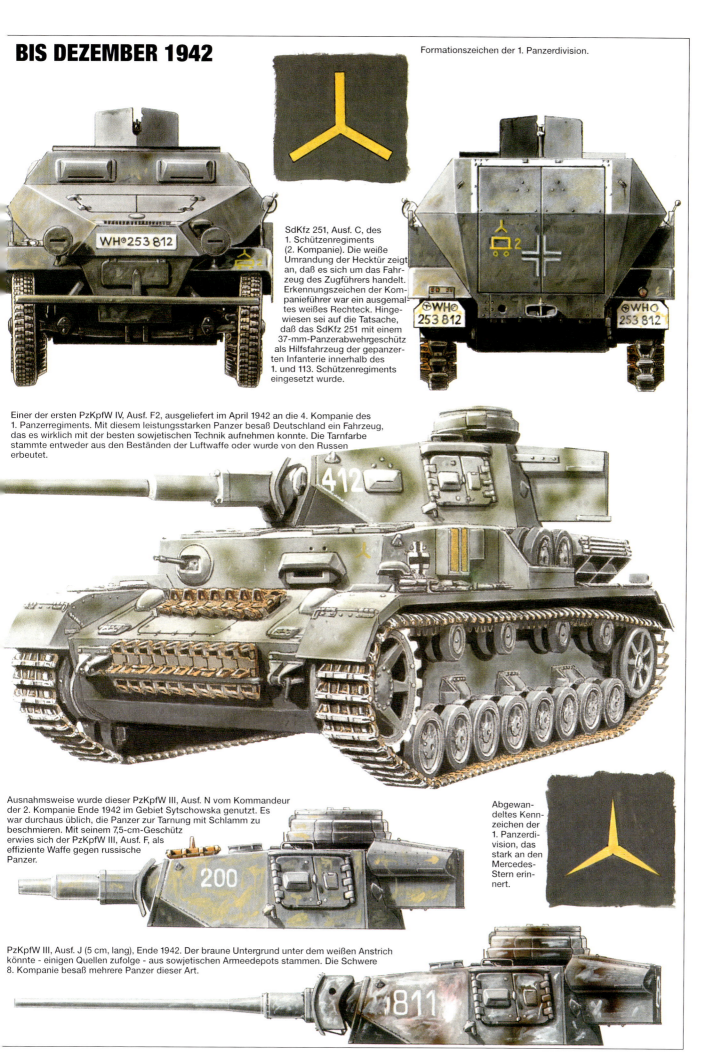

Formationszeichen der 1. Panzerdivision.

SdKfz 251, Ausf. C, des 1. Schützenregiments (2. Kompanie). Die weiße Umrandung der Hecktür zeigt an, daß es sich um das Fahrzeug des Zugführers handelt. Erkennungszeichen der Kompanieführer war ein ausgemaltes weißes Rechteck. Hingewiesen sei auf die Tatsache, daß das SdKfz 251 mit einem 37-mm-Panzerabwehrgeschütz als Hilfsfahrzeug der gepanzerten Infanterie innerhalb des 1. und 113. Schützenregiments eingesetzt wurde.

Einer der ersten PzKpfW IV, Ausf. F2, ausgeliefert im April 1942 an die 4. Kompanie des 1. Panzerregiments. Mit diesem leistungsstarken Panzer besaß Deutschland ein Fahrzeug, das es wirklich mit der besten sowjetischen Technik aufnehmen konnte. Die Tarnfarbe stammte entweder aus den Beständen der Luftwaffe oder wurde von den Russen erbeutet.

Ausnahmsweise wurde dieser PzKpfW III, Ausf. N vom Kommandeur der 2. Kompanie Ende 1942 im Gebiet Sytschowska genutzt. Es war durchaus üblich, die Panzer zur Tarnung mit Schlamm zu beschmieren. Mit seinem 7,5-cm-Geschütz erwies sich der PzKpfW III, Ausf. F, als effiziente Waffe gegen russische Panzer.

Abgewandeltes Kennzeichen der 1. Panzerdivision, das stark an den Mercedes-Stern erinnert.

PzKpfW III, Ausf. J (5 cm, lang), Ende 1942. Der braune Untergrund unter dem weißen Anstrich könnte - einigen Quellen zufolge - aus sowjetischen Armeedepots stammen. Die Schwere 8. Kompanie besaß mehrere Panzer dieser Art.

VERSCHIEDENE DEUTSCHE PANZERFAHRZEUGE, FRÜHJAHR 1941

4,7-cm-Pak (t) auf einem PzKpfW I der 41. Panzerjägerabteilung, 11. Panzerregiment (6. Panzerdivision), südlich von Ostrau. Beim Panzerjäger I wurde ein tschechisches 4,7-cm-Geschütz auf das Fahrgestell eines Panzer I montiert. Diese ausgezeichnete Panzerabwehrwaffe vom Ende der 30er Jahre erwies sich als sehr effizient bei der Bekämpfung leichter Sowjetpanzer, war aber zu schwach gegen T 34 und KW 1, deren Zahl sich ab dem Spätsommer ständig erhöhte.

SdKfz 250 des 37. Panzerpionierbataillons der 1. Panzerdivision, das im September 1941 vor Leningrad eingesetzt wurde. Das weiße taktische Zeichen weist es als Panzerbefehlswagen einer Nebelwerferbatterie aus.

StuG II C der 201. Sturmgeschützabteilung in der Gegend von Terespol bei Moskau, Oktober 1941. Dieses Fahrzeug mit seiner dreistelligen Registriernummer nach dem Muster der Panzereinheiten war eines der ersten 272 Sturmgeschütze in der Operation „Barbarossa". Nach und nach erwies sich das StuG III als hervorragendes Panzerfahrzeug, das zudem kostengünstiger als ein Panzer gebaut werden konnte. Während es 1941 nur von selbständigen Einheiten eingesetzt wurde, griff die Panzerdivision 1944 immer häufiger darauf zurück.

DER PANZERJÄGER MARDER III

Panzerjäger Marder III (SdKfz 139; russisches 7,62-mm-Geschütz) der 1. Panzerdivision (37. Panzerjägerabteilung). Hingewiesen sei auf die Ziffer 1 neben dem taktischen Zeichen als Hinweis auf die Kompanie. Die 3 hinter dem Kreuz ist die Nummer des Fahrzeugs. Die Panzergrenadier- und Panzerjägereinheiten wurden ab 1942 in Nordafrika und - wie hier - an der Ostfront mit diesem neuen Fahrzeug ausgerüstet.

Panzerjäger Marder III der 15. Panzerdivision (33. Panzerjägerabteilung); erstes Fahrzeug des Stabs der 3. Kompanie. Von Juli bis November 1942 trafen 66 Marder III dieser ersten Ausführung in Nordafrika ein. Die sowjetische Kanone, die während des Wartens auf das Pak 40 verwendet wurde, besaß hervorragende Eigenschaften und machte die eingeschränkte Manövrierfähigkeit und den ungenügenden Schutz der Besatzung wett. Die hohe Konstruktion ist in der Abbildung gut erkennbar.

Panzerjäger Marder III (Ausf. H, Pak 40 AT-Geschütz) der 9. Panzerdivision (50. Panzerjägerabteilung), sandgelb und grün überspritzt. Das Formationszeichen am Schutzschild ist gelb, Ziffern und Kreuz weiß. Einsatz während der Operation „Zitadelle" an der Kursker Front, Juli 1943. Der Marder blieb bis zum Aufkommen des Jagdpanzers 38 (Hetzer) mit dem gleichen Fahrgestell eine leistungsfähige Waffe zur Panzerbekämpfung.

DER PANZERJÄGER MARDER III, AUSF. M

Kfz Sd Kfz 138
Leergew: 20.200 kg
Ver Kl. 5

Abbildung eines fabrikneuen Marders III mit typischer Tarnung in zwei unterschiedlichen Sandtönen. Eine wirkungsvolle Tarnung gaben ihm vor Ort am Kriegsschauplatz die Mechaniker der Panzerjägerabteilung. Dieser Panzer kam bei Manövern in der Gegend von Bremen im Winter 1943-1944 zum Einsatz. Der Gefechtsaufbau wurde oben offenbar von einer Zeltplane geschützt, woraus sich der Farbunterschied erklärt.

Marder III der 37. Panzerjägerabteilung (1. Panzerdivision), westlich von Budapest im Winter 1944-1945. Der Tank ist weiß überspritzt, aber das taktische Zeichen (das sich hinten am Rumpf wiederholt) und das Hoheitszeichen bleiben sichtbar.

Marder III der 561. Panzerjägerabteilung an der Ostfront im Sommer 1944. Er trägt kein Hoheitszeichen; nur der Name „Gerda" oder „Gerdi" ist auf der linken Flanke sichtbar. Ein weiterer Marder der Einheit (Nr. 241) trägt die Bezeichnung „Löwe" oder „Lolli" auf der rechten Seite. Die Tarnung ist typisch für die damalige Zeit.

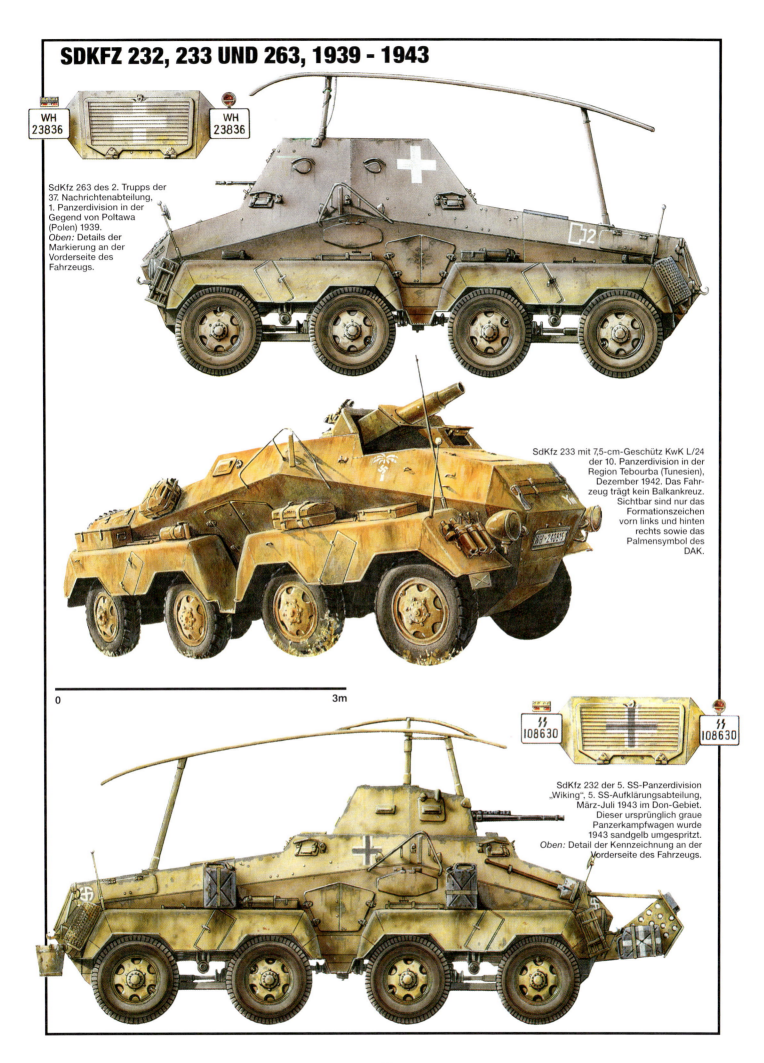

DAS HALBKETTENFAHRZEUG 251

SdKfz 251 B der 1. Panzerdivision (113. Schützenregiment), Panzerkorps Guderian, während des Frankreichfeldzuges *(siehe Ausschnitt unten).*

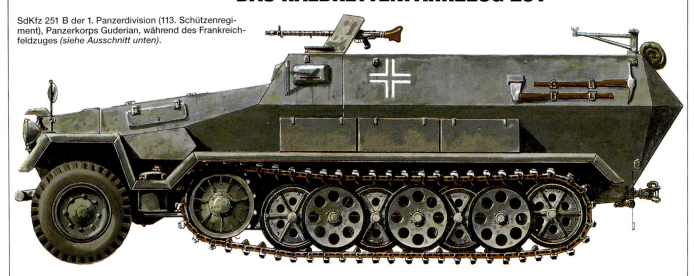

Vorder- und Rückansicht des oben beschriebenen Fahrzeugs.

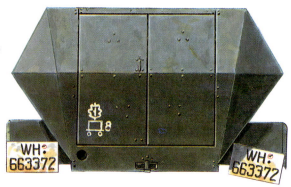

Gegenüber: Das neue Erkennungszeichen war ein durchgestrichener Kreis - hier in gelb - auf dem rechten Kotflügel. Die beiden Kanten des Kotflügels tragen weiße Streifen.

SdKfz 251 der 11. Panzerdivision (110. Schützenregiment) während der Kämpfe auf dem Balkan. Hingewiesen sei auf die zwei verschiedenen Formationszeichen der Division, die gleichzeitig auf den Schutzblechen angegeben waren. Dieses traditionelle und ungewöhnliche Erkennungszeichen ist im Detail wiedergegeben.

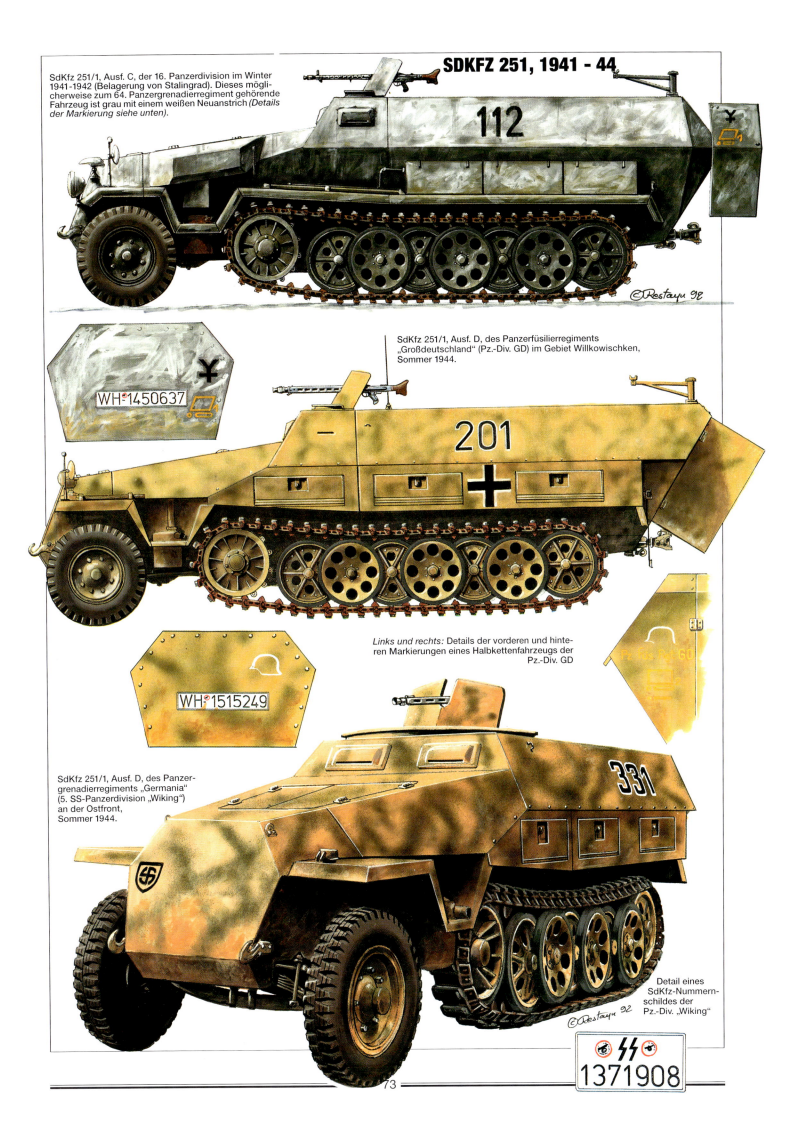

VON DEUTSCHEN TRUPPEN EROBERTE SOWJETISCHE PANZER

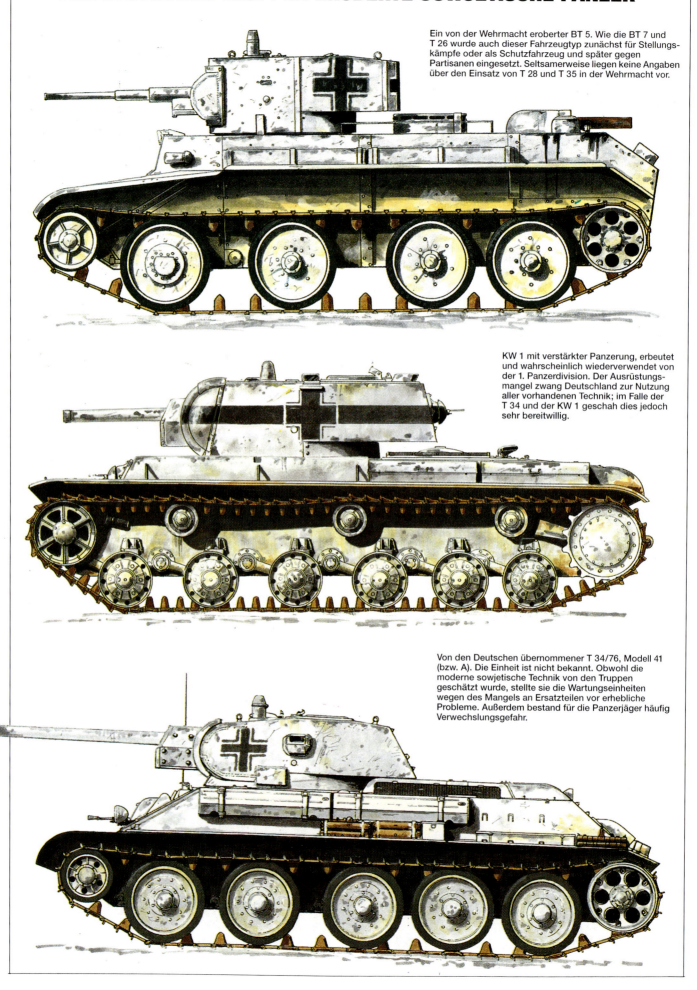

Ein von der Wehrmacht eroberter BT 5. Wie die BT 7 und T 26 wurde auch dieser Fahrzeugtyp zunächst für Stellungskämpfe oder als Schutzfahrzeug und später gegen Partisanen eingesetzt. Seltsamerweise liegen keine Angaben über den Einsatz von T 28 und T 35 in der Wehrmacht vor.

KW 1 mit verstärkter Panzerung, erbeutet und wahrscheinlich wiederverwendet von der 1. Panzerdivision. Der Ausrüstungsmangel zwang Deutschland zur Nutzung aller vorhandenen Technik; im Falle der T 34 und der KW 1 geschah dies jedoch sehr bereitwillig.

Von den Deutschen übernommener T 34/76, Modell 41 (bzw. A). Die Einheit ist nicht bekannt. Obwohl die moderne sowjetische Technik von den Truppen geschätzt wurde, stellte sie die Wartungseinheiten wegen des Mangels an Ersatzteilen vor erhebliche Probleme. Außerdem bestand für die Panzerjäger häufig Verwechslungsgefahr.

T 34 UND SOWJETISCHE MATILDA II

T 34/76, Modell 1941. Das Fahrzeug war in jeder Hinsicht den Fahrzeugen überlegen, welche die Deutschen in ihren Panzerdivisionen hatten. Der rote Slogan „*Sa Rodinu!*" am Turm bedeutet „Für das Vaterland!"

T 34/76, Modell von 1941, der im Sektor der 11. Panzerdivision zerstört wurde. Das Fahrzeug war perfekt an die Gelände- und Klimabedingungen in Rußland angepaßt. Die breiten Ketten verhinderten ein Versinken bis zum Rumpf im weichen Untergrund.
Das gelbe Quadrat mit der Ziffer 2 wiederholt sich auf der anderen Turmseite und am Geschütz, dort jedoch ohne das Quadrat.

Matilda II der Sowjets an der Moskauer Front im Winter 1941-1942. Die technischen Daten der Matildas waren meist mit Schablonen in englischer Sprache aufgemalt. Die mittelgrüne britische Tarnung wurde einfach weiß überstrichen.

LEICHTE UND MITTLERE SOWJETISCHE PANZER, FRÜHJAHR 1941

T 60 in den ersten Gefechtswochen. Diese Art leichter Panzer wurde aus einem Amphibienfahrzeug abgeleitet und speziell für Aufklärungszwecke eingesetzt. Seine Geschwindigkeit von 44 km/h reichte nicht immer, um sich vor feindlichem Beschuß in Sicherheit zu bringen. Außerdem waren Panzerung und Bewaffnung - eine einzige 20-mm-Kanone - unzulänglich. Ungeachtet dessen wurden 6.000 Panzer vom Typ T 60 gebaut. Später wurde das Fahrgestell für die berühmten „Stalinorgeln" übernommen.

T 34, Modell 1941. Die Herstellung dieser Panzer war noch unvollkommen und bedurfte weiterer Rationalisierung. Die Sowjets vereinfachten die Produktion zum Zwecke der Massenfertigung soweit wie möglich, wodurch sich die Kosten für den T 34 und den KW 1 halbierten. Hauptmangel beim T 34 war - abgesehen von seiner Beschränkung auf das absolut Notwendigste - das Fehlen eines Funkgerätes bei den meisten Panzern. Zur Verständigung dienten kleine Flaggen, wobei die Besatzungen es jedoch vorzogen, den Turm zu schließen und einfach loszustürmen, was häufig genug mit der Zerstörung des Panzers endete.

T 34, Modell 1940. Dieser „Urvater" der großen T 34-Familie erschreckte die Deutschen nachhaltig in den ersten Gefechtsmonaten. Abgesehen vom Fehlen eines Funkgerätes war der T 34 den deutschen Panzern in jeder Hinsicht überlegen. Sein äußerst robuster Dieselmotor schloß Brände im Fahrzeug nahezu aus. Die Christie-Kettenräder und die sehr breiten Ketten machten ihn zur optimalen Lösung für schwieriges Gelände.

LEICHTE UND MITTLERE SOWJETISCHE PANZER, FRÜHJAHR 1941

Ein BT 5 einer unbekannten sowjetischen Einheit zu Beginn der Gefechte. Wegen seiner hohen Geschwindigkeit und seinem 45-mm-Geschütz, das praktisch jeden Panzer der damaligen Zeit vernichten konnte, war der BT zumindest theoretisch vielen deutschen Panzern überlegen. Allerdings war er zu dünn gepanzert und zu störanfällig. Im Juni 1941 wurden nur geringe Stückzahlen ausgeliefert.

BT 7 (wahrscheinlich 5. Panzerdivision), der am 22. Juni 1941 in Litauen zerstört wurde. Der BT 7 unterschied sich vom BT 5 durch seinen abgeschrägten Turm, der bis zu einem gewissen Grade Schutz vor Geschossen bot und die dünne Panzerung zumindest teilweise wettmachte. Trotzdem war der BT 7 nicht besonders sicher, da er bei Beschuß leicht Feuer fing.

Ein von der 203. deutschen Sturmbrigade bei Kiew im August 1941 erbeuteter und übernommener T 26B. Die schwarzen Ziffern vorn links *(siehe kleines Bild)* stammen von den Sowjets und sind möglicherweise eine Registrier- oder Einheitennummer. Wahrscheinlich war der T 26 im Juni 1941 der am häufigsten von der Roten Armee eingesetzte Panzertyp, obwohl er - wie alle älteren Sowjetpanzer - schlecht gewartet wurde, was bedeutete, daß die Ausfallrate bei über 70 % lag.

SOWJETISCHE PANZERKAMPFWAGEN

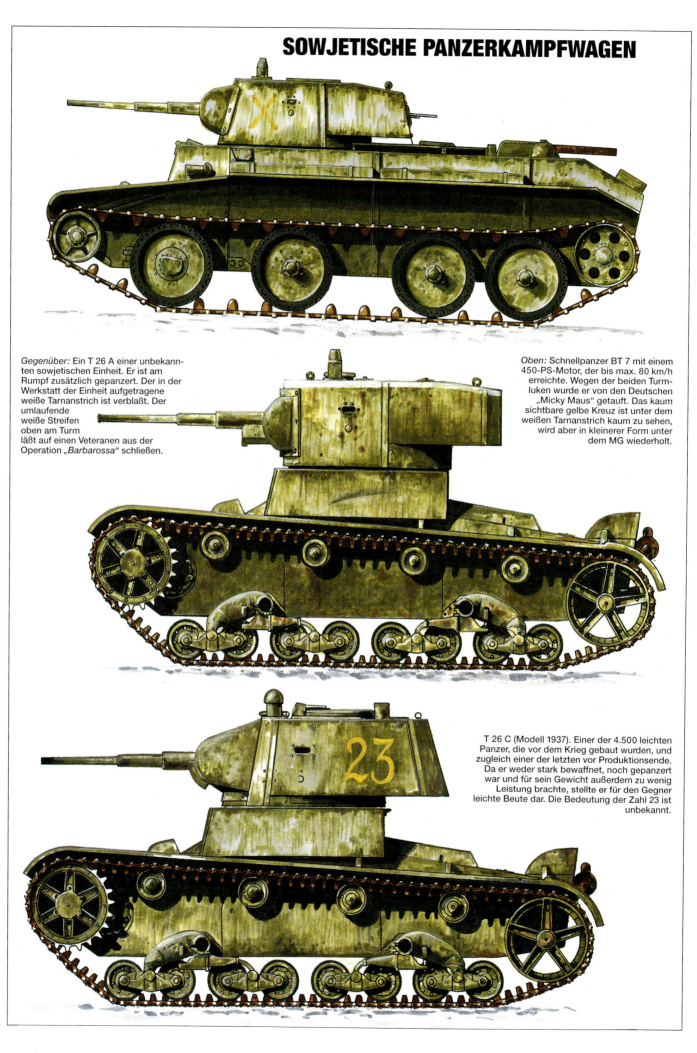

Gegenüber: Ein T 26 A einer unbekannten sowjetischen Einheit. Er ist am Rumpf zusätzlich gepanzert. Der in der Werkstatt der Einheit aufgetragene weiße Tarnanstrich ist verblaßt. Der umlaufende weiße Streifen oben am Turm läßt auf einen Veteranen aus der Operation „*Barbarossa*" schließen.

Oben: Schnellpanzer BT 7 mit einem 450-PS-Motor, der bis max. 80 km/h erreichte. Wegen der beiden Turmluken wurde er von den Deutschen „Micky Maus" getauft. Das kaum sichtbare gelbe Kreuz ist unter dem weißen Tarnanstrich kaum zu sehen, wird aber in kleinerer Form unter dem MG wiederholt.

T 26 C (Modell 1937). Einer der 4.500 leichten Panzer, die vor dem Krieg gebaut wurden, und zugleich einer der letzten vor Produktionsende. Da er weder stark bewaffnet, noch gepanzert war und für sein Gewicht außerdem zu wenig Leistung brachte, stellte er für den Gegner leichte Beute dar. Die Bedeutung der Zahl 23 ist unbekannt.

SOWJETISCHE PANZERKAMPFWAGEN

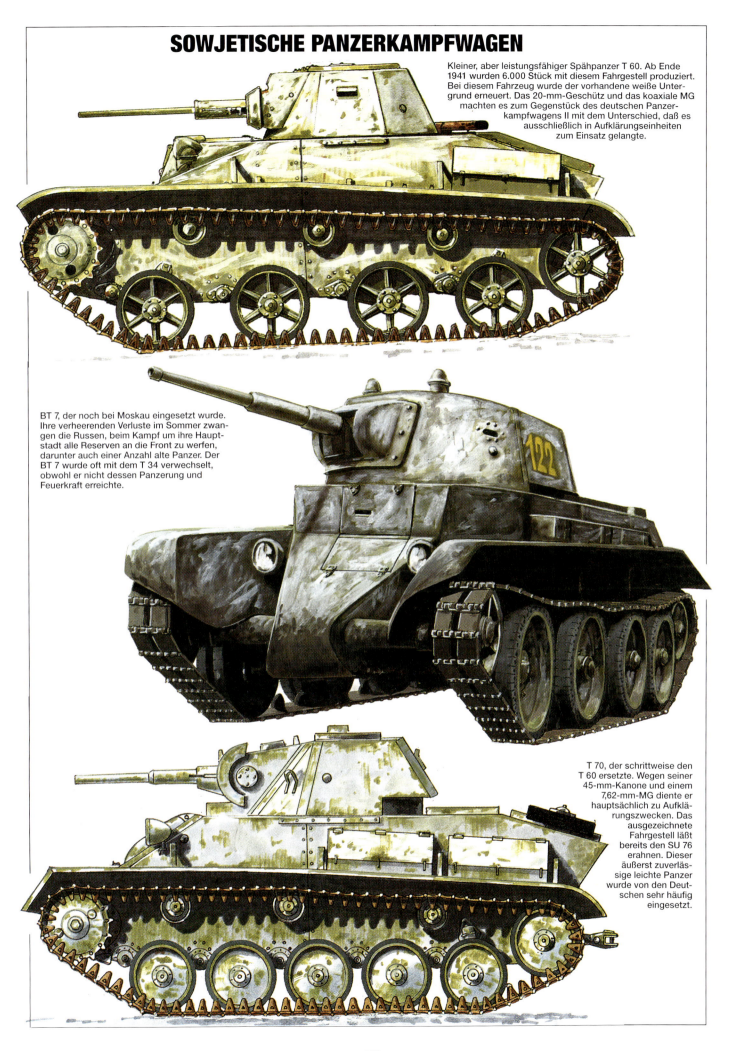

Kleiner, aber leistungsfähiger Spähpanzer T 60. Ab Ende 1941 wurden 6.000 Stück mit diesem Fahrgestell produziert. Bei diesem Fahrzeug wurde der vorhandene weiße Untergrund erneuert. Das 20-mm-Geschütz und das koaxiale MG machten es zum Gegenstück des deutschen Panzerkampfwagens II mit dem Unterschied, daß es ausschließlich in Aufklärungseinheiten zum Einsatz gelangte.

BT 7, der noch bei Moskau eingesetzt wurde. Ihre verheerenden Verluste im Sommer zwangen die Russen, beim Kampf um ihre Hauptstadt alle Reserven an die Front zu werfen, darunter auch einer Anzahl alte Panzer. Der BT 7 wurde oft mit dem T 34 verwechselt, obwohl er nicht dessen Panzerung und Feuerkraft erreichte.

T 70, der schrittweise den T 60 ersetzte. Wegen seiner 45-mm-Kanone und einem 7,62-mm-MG diente er hauptsächlich zu Aufklärungszwecken. Das ausgezeichnete Fahrgestell läßt bereits den SU 76 erahnen. Dieser äußerst zuverlässige leichte Panzer wurde von den Deutschen sehr häufig eingesetzt.

SOWJETISCHE PANZER, 1941-42

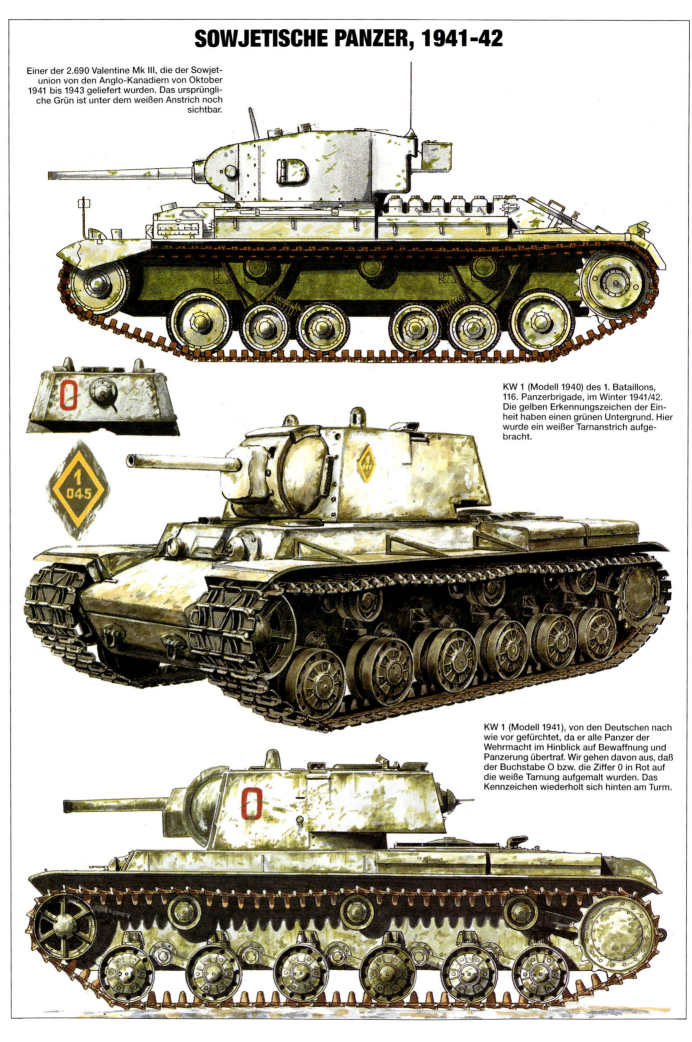

Einer der 2.690 Valentine Mk III, die der Sowjetunion von den Anglo-Kanadiern von Oktober 1941 bis 1943 geliefert wurden. Das ursprüngliche Grün ist unter dem weißen Anstrich noch sichtbar.

KW 1 (Modell 1940) des 1. Bataillons, 116. Panzerbrigade, im Winter 1941/42. Die gelben Erkennungszeichen der Einheit haben einen grünen Untergrund. Hier wurde ein weißer Tarnanstrich aufgebracht.

KW 1 (Modell 1941), von den Deutschen nach wie vor gefürchtet, da er alle Panzer der Wehrmacht im Hinblick auf Bewaffnung und Panzerung übertraf. Wir gehen davon aus, daß der Buchstabe O bzw. die Ziffer 0 in Rot auf die weiße Tarnung aufgemalt wurden. Das Kennzeichen wiederholt sich hinten am Turm.

— 80 —

SCHWERE SOWJETISCHE PANZER, FRÜHJAHR 1941

T 35 des 8. sowjetischen Armeekorps (taktisches Zeichen an der Turmrückseite). Mit fünf Türmen und 10 Mann Besatzung glich der T 35 eher einem Schlachtschiff als einem Panzerfahrzeug. Bewaffnet mit einem 76,2-mm-Geschütz für 96 Granaten, zwei 45-mm-Kanonen mit 220 Geschossen und nicht weniger als 10.000 Schuß für seine fünf MG, vereinte der T 35 die Feuerkraft eines Panzer IV und zweier Panzer III. Nach eigenen Angaben gelang es den Deutschen nie, eines dieser Ungeheuer zu vernichten. Sie fielen höchstens wegen mechanischer Defekte oder Kraftstoffmangel aus.

KW 2, der furchterregendste Panzer der sowjetischen Streitkräfte im Juni 1941. Seine Panzerung und sein 152-mm-Geschütz machten ihn praktisch unbesiegbar. Gefährlich werden konnte auch ihm wiederum nur das 88-mm-Geschütz. Ansonsten bedurfte es MG-Feuer durch die Sehschlitze bzw. auf den Turmring oder aber Benzinkanister, die auf die Panzer geworfen werden mußten, um ernste Schäden zu verursachen. So war der KW 2 häufig genug selbst ärgster Feind, da er in schwierigem Gelände leicht stecken blieb.

T 28 einer unbekannten Einheit, wahrscheinlich aus dem baltischen Raum. Trotz seiner imposanten Größe zählte der T 28 zu den mittleren Panzern. Er war ungenügend gepanzert, langsam und verfügte über eine mangelhafte optische Ausrüstung, wodurch er keine ernste Gefahr für die Panzer II und IV darstellte. Daran vermochten auch sein 76,2-mm-Geschütz und seine flexible Aufhängung nichts zu ändern.

SCHWERE SOWJETISCHE PANZER UND PANZERKAMPFWAGEN, 1941

KW 1 (Modell 1940) ohne zusätzliche Panzerung. Dieser schwere sowjetische Panzer kostete die Deutschen einige schmerzliche Erfahrungen. Der Panzer IV war mit seinen 20 Tonnen nur halb so schwer wie der KW 1 und trotzdem das „Schwergewicht" der Wehrmacht. Stark bewaffnet, gut geschützt, meist mit Funkgerät ausgestattet brachte der KW 1 die deutschen Panzerdivisionen häufig in Nöte, da sie nicht mit einem derart schlagkräftigen Fahrzeug gerechnet hatten.

BA 10 im Sommer 1941. Dieser hervorragende Panzerwagen war gut bewaffnet und kam mit allen Geländebedingungen zurecht. Sein 45-mm-Geschütz hatte die Feuerkraft einer 5-cm-Kanone und übertraf die 3,7-mm-Geschütze der Wehrmacht. Auf die Doppelrad-Hinterachse ließ sich eine schmale Kette aufziehen, die den Geländeeinsatz erleichterte. Die Deutschen setzten erbeutete BA 10 nach Möglichkeit in den eigenen Reihen wieder ein.

KW 1 (Modell 1940) mit aufgenieteter Zusatzpanzerung. Dieser Panzer hatte wenige würdige Gegner innerhalb der Panzerwaffe. StuG III und Panzer IV mußten ihm sehr nahe kommen, um ihn zu vernichten, wobei sie sich in höchste Gefahr begaben. In der Gegend von Guari (Estland) verbreiteten zwei KW 1 dieses Typs ohne Aufschrift oder Erkennungszeichen entlang der Straße Dunaburg–Pleiskau Panik unter der 6. deutschen Panzerdivision.

DER KLIMENT WOROSCHILOW - 1A UND 1B

KW 1 der 6. Panzerbrigade, März 1942. Die Ziffer 1 zeigt das übergeordnete Regiment, die 045 die taktische Nummer der Brigade an. Die rautenförmige Markierung wurde später in gelb und nach 1943 wieder in weiß ausgeführt.

Schwerer Panzer KW 1 einer nicht identifizierten Einheit. Der „Tschapajew" ist nach einem berühmten Reitergeneral der Revolution benannt. Ein anderer Namenszug an der Turmseite wurde offensichtlich übermalt. Obwohl der Turm dem Typ A entspricht, sind Fahrgestell, Räder und Ketten späteren Datums. Außerdem wurde dieser Panzer mit einem 7,62-mm-Geschütz (lang) nachgerüstet.

KW 1B mit verschraubter Zusatzpanzerung. Der ursprüngliche Panzer ist ein KW 1A, dessen Gewicht damit auf 47,5 Tonnen stieg. Damit reduziert sich das Leistungsverhältnis von 12,6 PS/Tonne auf 11,6 PS/Tonne. Das Hauptgeschütz ist ein 7,62-mm-Kaliber (kurz).

1944: DIE KÄMPFE IN FRANKREICH

DER SOMUA S 35 UND DER PZKPFW IV

Panzerkampfwagen IV, Ausf. H, der 3. Kompanie, 1. Abt., 130. Pz.-Rgt., Panzerlehrdivision, mit grüner Tarnung auf sandfarbenem Untergrund. *Oben:* Detail des Kotflügels mit taktischem Zeichen der Panzereinheiten und Panzerlehr-Kennung.

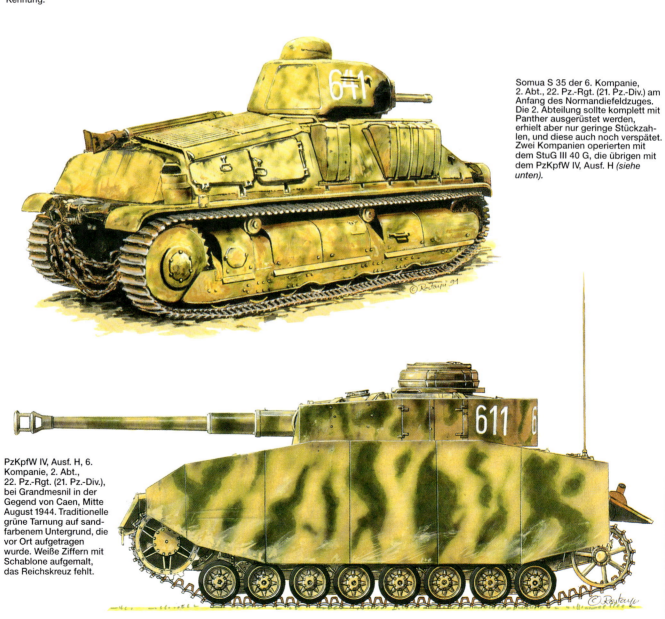

Somua S 35 der 6. Kompanie, 2. Abt., 22. Pz.-Rgt. (21. Pz.-Div.) am Anfang des Normandiefeldzuges. Die 2. Abteilung sollte komplett mit Panther ausgerüstet werden, erhielt aber nur geringe Stückzahlen, und diese auch noch verspätet. Zwei Kompanien operierten mit dem StuG III 40 G, die übrigen mit dem PzKpfW IV, Ausf. H *(siehe unten)*.

PzKpfW IV, Ausf. H, 6. Kompanie, 2. Abt., 22. Pz.-Rgt. (21. Pz.-Div.), bei Grandmesnil in der Gegend von Caen, Mitte August 1944. Traditionelle grüne Tarnung auf sandfarbenem Untergrund, die vor Ort aufgetragen wurde. Weiße Ziffern mit Schablone aufgemalt, das Reichskreuz fehlt.

MITTLERE DEUTSCHE PANZER

Panzer IV, Ausf. H, der 1. SS-Panzerdivision „Leibstandarte Adolf Hitler", 2. Abteilung. Er galt als das Schlachtroß der Panzerwaffe während des gesamten Krieges, beruhte auf frühen Konstruktionen, die ständig verbessert wurden, und konnte mit einer versierten Besatzung ziemlich gefährlich werden.

PzKpfW, Ausf. H, der 12. SS-Panzerdivision „Hitlerjugend". Er gehörte zur 7. Kompanie, 2. Abteilung. Das erste Bataillon besaß Panther. Das Besondere an dieser Einheit waren die Ziffern am Turm: Die Zahl des Zugführers endete mit „5" (z.B. 715); es folgten die Endziffern 6, 7 und 8 (716, 717, 718). Die Nummern waren ohne Sorgfalt auf den Zimmerit-Untergrund aufgetragen.

Panther, Ausf. A, der 2. Abt., 3. Panzerregiment (2. Panzerdivision). Das abgebildete Fahrzeug könnte der Zugführerpanzer von Leutnant Neffzern sein. Nach der Überquerung der Seine Ende August 1944 verfügte die 2. Panzerdivision nur über drei Panzer und drei Jagdpanzer.

DER PANZERKAMPFWAGEN IV, AUSF. H UND J

Panzerkampfwagen IV, Ausf. H, einer Kompanie der 9. SS-Pz.-Div. „Hohenstaufen". Der Panzer trägt eine dreifarbige Tarnung: grün und rotbraun auf sandfarbenem Untergrund. Das Fehlen einer Zahl am Turm ist vielleicht auf Zeitmangel zurückzuführen, obwohl die Panzer ab Frühjahr 1944 immer weniger taktische Zeichen aufwiesen.

Panzerkampfwagen IV, Ausf. H, der 6. Kompanie, 2. Abt., 2. SS-Pz.-Rgt. (Division „Das Reich"), in der Gegend von Saint Fromont-Saint Lô, Anfang Juli 1944, ebenfalls mit einer dreifarbigen Tarnung.

PzKpfW IV, Ausf. J, von Oberscharführer Willy Kretzschmar, 5. Kompanie, 2. Abt., 12. SS-Pz.-Rgt., Division „Hitlerjugend". Die Ziffern wurden mangels Schablonen per Hand aufgemalt. Aufgrund mechanischer Probleme wurde dieser Panzer im Kessel von Falaise am 20. August 1944 von seiner Besatzung fahruntauglich gemacht.

DEUTSCHE „TIGER" UND RAKETENWERFER

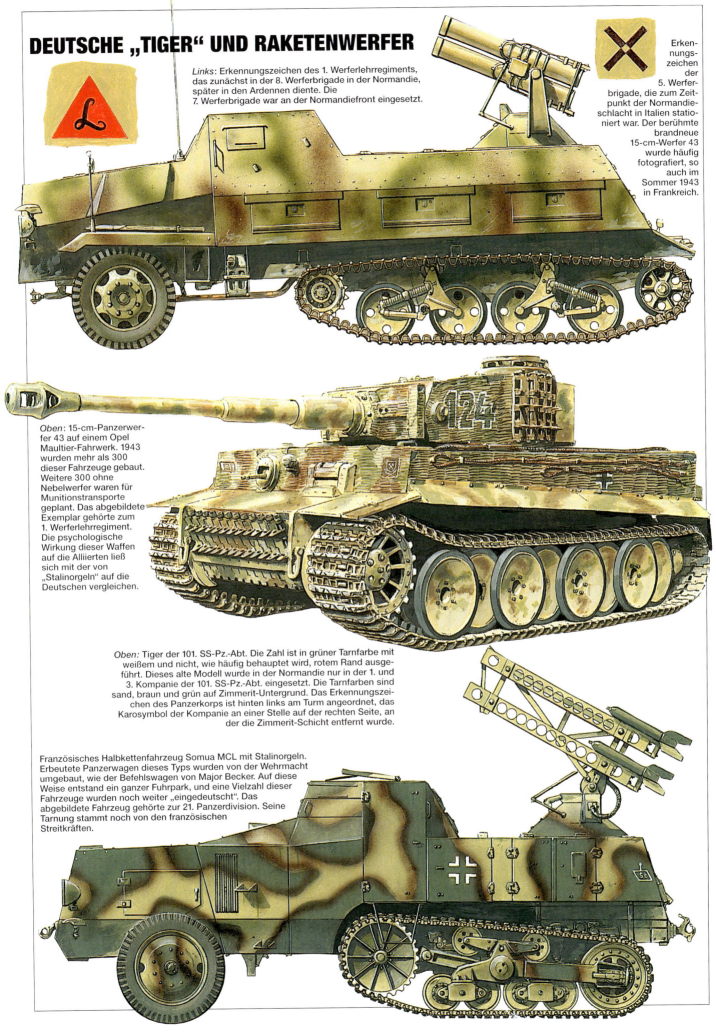

Links: Erkennungszeichen des 1. Werferlehrregiments, das zunächst in der 8. Werferbrigade in der Normandie, später in den Ardennen diente. Die 7. Werferbrigade war an der Normandiefront eingesetzt.

Erkennungszeichen der 5. Werferbrigade, die zum Zeitpunkt der Normandieschlacht in Italien stationiert war. Der berühmte brandneue 15-cm-Werfer 43 wurde häufig fotografiert, so auch im Sommer 1943 in Frankreich.

Oben: 15-cm-Panzerwerfer 43 auf einem Opel Maultier-Fahrwerk. 1943 wurden mehr als 300 dieser Fahrzeuge gebaut. Weitere 300 ohne Nebelwerfer waren für Munitionstransporte geplant. Das abgebildete Exemplar gehörte zum 1. Werferlehrregiment. Die psychologische Wirkung dieser Waffen auf die Alliierten ließ sich mit der von „Stalinorgeln" auf die Deutschen vergleichen.

Oben: Tiger der 101. SS-Pz.-Abt. Die Zahl ist in grüner Tarnfarbe mit weißem und nicht, wie häufig behauptet wird, rotem Rand ausgeführt. Dieses alte Modell wurde in der Normandie nur in der 1. und 3. Kompanie der 101. SS-Pz.-Abt. eingesetzt. Die Tarnfarben sind sand, braun und grün auf Zimmerit-Untergrund. Das Erkennungszeichen des Panzerkorps ist hinten links am Turm angeordnet, das Karosymbol der Kompanie an einer Stelle auf der rechten Seite, an der die Zimmerit-Schicht entfernt wurde.

Französisches Halbkettenfahrzeug Somua MCL mit Stalinorgeln. Erbeutete Panzerwagen dieses Typs wurden von der Wehrmacht umgebaut, wie der Befehlswagen von Major Becker. Auf diese Weise entstand ein ganzer Fuhrpark, und eine Vielzahl dieser Fahrzeuge wurden noch weiter „eingedeutscht". Das abgebildete Fahrzeug gehörte zur 21. Panzerdivision. Seine Tarnung stammt noch von den französischen Streitkräften.

DER PANZERKAMPFWAGEN V „PANTHER"

Panther, Ausf. G, der 3. Kompanie, 12. SS-Pz.-Rgt., Division „Hitlerjugend" (ehem. 1. SS-Panzerkorps), der bei Caen erbeutet wurde.

Panther, Ausf. G, der 1. Kompanie, 12. SS-Pz.-Rgt. Dieser Panzer, unter dem Kommando von Zugführer Dittrich, wurde bei einem Angriff auf Bretteville am 9. Juni 1944 getroffen.

Panther, Ausf. A, der 3. Kompanie, 1. Abt., 2. SS-Pz.-Rgt., Division „Das Reich", im Kessel von Falaise. Alle seitlichen Schürzen wurden weggerissen; sichtbar sind lediglich die Halterungen.

— 90 —

DER PANZERKAMPFWAGEN V „PANTHER"

Panther, Ausf. A, der 2. Kompanie, 1. Abt., 6. Pz.-Rgt. Dieses ursprünglich zur 3. Pz.-Div. gehörende Bataillon wurde am 22. Januar 1944 der Panzerlehrdivision unterstellt.

Jagdpanther der 2. Kompanie, 654. Schwere Panzerjägerabteilung. Diese Kompanie war als einzige mit diesen Abwehrfahrzeugen (12 Stück) an der Normandiefront ausgerüstet. Am 27. Juni 1944 stand die 2. Kp. der 654. S.Pz.-Jg.-Abt. unter dem Befehl der Gruppe Weidinger (Panzerlehrdivision) in der Gegend von Mondrainville-Grainville-Rauray.

Panther, Ausf. G, der 1. Kompanie, 1. Abt., 9. SS-Pz.-Rgt., Division „Hohenstaufen", der am 22. Juli 1944 in Saint-André-sur-Orne vernichtet wurde.

DER PANZERKAMPFWAGEN VI „TIGER", AUSF. E

Zeichen des 1. SS-Panzerkorps.

Tiger I, Ausf. E, der 101. Schweren SS-Pz.-Abt. Im Fahrzeug mit der Nummer 007 kamen Hauptsturmführer Michael Wittmann und seine Besatzung am 8. August 1944 ca. 1 km nördlich von Cintheaux ums Leben. Vermutlich wurden Wittmanns Tiger und weitere Panzer an diesem Tage von britischen Sherman Firefly der Schwadron A, 1st Northamptonshire Yeomanry (33. Selbständige Panzerbrigade) vernichtet.

Tiger I der 3. Kompanie, 101. Schwere SS-Panzerabteilung im August 1944 bei Caen. Auf einem Foto, das von den Briten erbeutetes Kriegsgerät zeigt, ist dieser Panzer links neben dem Panzer 308 der 3. Kompanie der 12. SS-Pz.-Div. „Hitlerjugend" zu sehen.

Tiger I der 2. Kompanie, 102. Schwere SS-Panzerabteilung, unter dem Kommando von Ustuf. Walter Schroif in der Normandie, August 1944. Unter dem Befehl von Sturmbannführer Weiz zerstörte das Bataillon mehr als 227 Panzer, 28 Panzerabwehrgeschütze, 19 schwere Panzerfahrzeuge, 4 Panzerspähwagen und 35 LKW.

DIE PANZERKAMPFWAGEN VI „TIGER", AUSF. E, UND TIGER II

Tiger I, Ausf. E, der 503. Schweren Pz.-Abt. Unter dem Kommando von Feldwebel Sachs nahm die „313" am Morgen des 11. Juli 1944 an einem Gegenangriff nördlich von Colombelles teil, bei dem 11 Sherman und 5 Panzerabwehrgeschütze vernichtet wurden. Am 18. Juli überschlug sich die „313" jedoch infolge heftiger Luftangriffe vor Beginn der Operation „Goodwood", wobei zwei Besatzungsmitglieder ums Leben kamen.

Tiger II der 1. Kompanie, 503. Schwere Pz.-Abt. Die Königstiger dieser Kompanie waren die einzig durchschlagende Kraft in der Normandie.
Rechts: Detail der hinteren Turmklappe, auf der sich die Nummer wiederholt.

Tiger II der 3. Kompanie, 503. Schweren Pz.-Abt. Die Kompanie wurde auf dem Weg in die Normandie über Paris am 12. August zwischen Sézanne und Esterney mit 5 Geschützsalven angegriffen. Einer der 5 Tiger des Konvois, die „311" von Leutnant von Rosen, wurde verlassen. Später wurde die Kompanie aufgerieben. Ihr letzter Panzer (Lt. Rambow) wurde bei Amiens vernichtet.

DER „TIGER" IN DER NOR[MANDIE]

Detail des Turms eines Tiger I, Nr. 122 (2. Panzer, 2. Zug, 1. Kompanie) der 101. Schweren SS-Pz.-Abt. Die tarngrüne Zahl mit weißem Rand wiederholt sich auf dem Staubehälter am Heck des Turmes („Rommelkiste"). Die Ersatz-Kettenglieder wurden manchmal mit Tarnfarbe überstrichen. Beim Auswechseln waren bei neuen Gliedern stellenweise Farbmarkierungen sichtbar, während bereits benutzte Rostflecken aufwiesen, wie im Bild sichtbar.

101. Schwere SS-Panzerabteilung

Tiger I aus der ursprünglichen Serie (Gummibereifung) der 101. Schweren SS-Pz.-Abt. Dieser Panzer, laut seiner Zahl der letzte im Bataillon, wurde am 27. Juni in Roncey zerstört und verlassen. Daraufhin führten die Briten Versuche damit durch. Die Durham Light Infantry behauptete später, sie habe das Fahrzeug zerstört, obwohl keinerlei Einschüsse sichtbar sind. Die Ziffer 4 ist bei allen drei Kompanien der Einheit wie abgebildet ausgeformt.

Beispiel der Frontplatte von Panzern der 1. Kp., 101. Schwere SS-Pz.-Abt. Das Trapezsymbol der Panzereinheiten wurde manchmal auf Zimmerit-Untergrund aufgetragen. Das Schild läuft unten spitz zu.

Beispiel der Frontplatte von Panzern der 2. Kp., 101. Schwere SS-Pz.-Abt. Hier wurde das Schild direkt vorn rechts auf den Panzer gemalt.

Beispiel der Frontplatte von Panzern der 3. Kp., 101. Schwere SS-Pz.-Abt. In den meisten Fällen hatte das Erkennungszeichen des 1. SS-Panzerkorps einen schwarzen Untergrund.

Detail des Tiger I, Nr. 006, 2. Panzer der Stabskompanie der 101. Schweren SS-Pz.-Abt.

Der Tiger I, Nr. 205, war der Panzer von Obersturmführer Wittmann, Kommandeur der 2. Kompanie der 101. Schweren SS-Pz.-Abt.

Das Erkennungszeichen des 1. SS-Panzerkorps. Das Schild war bei manchen Panzern unten spitz, bei anderen abgerundet.

Nummer auf der Rückseite des Staubehälters vom letzten Panzer des 1. Zuges, 3. Kompanie, 101. Schwere SS-Pz.-Abt. mit typischer Zahlenform.

SOMMER 1944

I des Zugführers des
ges, 102. Schwere
z.-Abt. Die einfach in
ssen auf der Tarnfarbe
estellte Zahl wiederholt
auf der „Rommelkiste",
allerdings in
arzen Ziffern
eißem
. Die „221"
dem Befehl
auptsturm-
Endemann war
rste Verlust
Bataillons.

102. Schwere SS-Panzerabteilung

Detail der Frontplatte eines Panzers der 102. Schweren SS-Pz.-Abt. mit der Rune des II. SS-Panzerkorps in ungewohntem Rosa.

503. Schwere Heeres-Panzerabteilung

Tiger II von Leutnant Piepgras, Zugführer des 2. Zuges, 1. Kompanie, 503. Schwere Heeres-Pz.-Abt., der im Gefecht vernichtet wurde. Der Offizier und seine Besatzung konnten jedoch entkommen. Leutnant Piepgras kämpfte später in Ungarn und überlebte den Krieg.

Dieser Porsche-Turm eines Tiger II zeigt eine nicht belegte „einfache" Tarnung in der Normandie. Eine Zahl fehlt möglicherweise, weil der Panzer infolge mehrerer Treffer einen neuen Tarnanstrich erhielt, oder weil er - wie so oft damals - in letzter Minute ausgeliefert wurde, wodurch keine Ziffern mehr aufgemalt werden konnten. In jedem Fall scheint Zeitmangel die Ursache zu sein.

Das Erkennungszeichen der 503. Schweren Heeres-Pz.-Abt. war praktisch nie auf Panzern zu sehen, zumindest nicht in der Normandie.

„TIGER" UND VERSTÄRKUNGSFAHRZEUGE IN DER NORMAN[DIE]

101. Schwere SS-Panzerabteilung

Dieser 20-mm-Flakvierling auf einem Panzer IV-Fahrgestell (Zug AA) der 101. Schweren SS. Pz.-Abt. (Formationszeichen vorn rechts auf dem Kotflügel). Jedes schwere Panzerbataillon besaß eine Einheit mit Fahrzeugen dieser Art.

Tiger I, Nr. 224, der 102. Schweren SS-Pz.-Abt. Hier handelt es sich um das Fahrzeug von Unterscharführer Oberhaber, der am 20. Juli 1944 drei Volltreffer erzielte. Bis Kriegsende, das er erlebte, kamen weitere hinzu. Die Zahl an der Turmseite ist in weißen Umrissen auf der Tarnfarbe dargestellt, während sie auf der „Rommelkiste" in schwarz aufgetragen ist. Das Zeichen des 2. Panzerkorps, hier hinten am Rumpf zu sehen, ist nicht auf allen Panzern der Einheit angebracht.

102. Schwere SS-Pz.-Abt.

Das 18 Tonnen schwere Halbkettenfahrzeug (250 PS) diente vor allem als Zug- und Bergungsmaschine, beispielsweise zum Abschleppen liegen gebliebener Tiger der 102. Schweren SS-Pz.-Abt. (deren Erkennungszeichen am vorderen linken Kotflügel zu sehen ist). Man benötigte ansonsten drei Traktoren, um die gepanzerten Riesen zu bewegen. Die Tiger II der 503. schweren Heeres-Pz.-Abt. brauchten dazu Bergepanther.

...MMER 1944

Auch diesen Tiger I, Nr. 112, der
101. Schwere SS-Pz.-Abt., büßte
die Panzerwaffe bei Villers-
Bocage ein. Die Zahl am Turm ist
nur in Umrissen auf der Tarnfarbe
ausgeführt.

503. Schwere Heeres-Panzerabteilung

Tiger I, Nr. 224, der 503.
Schweren Heeres-Pz.-
Abt. Die schwarzen
Ziffern sind weiß umran-
det. Einzig die
2. Kompanie dieser
Einheit war aktiv in
die Gefechte in der
Normandie verwickelt.
Die Tarnung ist nicht
so „schwer" wie bei
den zwei anderen
schweren Tiger-
Bataillonen auf diesem
Kriegsschauplatz.

...l, Nr. 321, der
...kturierten
...panie,
...chwere
...s-Pz.-Abt.
... Panzer
... Einheit
...n ihre Lei-
...nie unter
...s stellen, da sie
...m Weg an die
...andiefront östlich
...aris den Jagd-
...ern der Alliierten
...pfer fielen.

DER ABGEWANDELTE 38 H IM NORMANDIEFELDZUG

7,5-cm-Pak-Selbstfahrlafette mit Fahrgestell des Panzerkampfwagens 38 H (f), 21. Panzerdivision in der Normandie, Juni 1944. Sie war der 200. Sturmgeschützabteilung zugeteilt. Von diesem Typ wurden 48 Fahrzeuge gebaut, die alle der 21. Panzerdivision unterstellt wurden.

Großer Funk- und Befehlspanzer 38 H (f), von dem nur 24 gebaut wurden. Das 155. Panzerartillerieregiment (21. Panzerdivision) war sicherlich mit diesen Artilleriespähfahrzeugen ausgerüstet.

10,5-cm-Geschütz HH 18/40 auf Geschützwagen 38 H (f) des 155. Panzerartillerieregiments (21. Panzerdivision) in der Normandie bei der Landung der Alliierten. Einige dieser SPG kamen in der 200. Sturmgeschützabteilung zum Einsatz.

DEUTSCHE STURMGESCHÜTZE

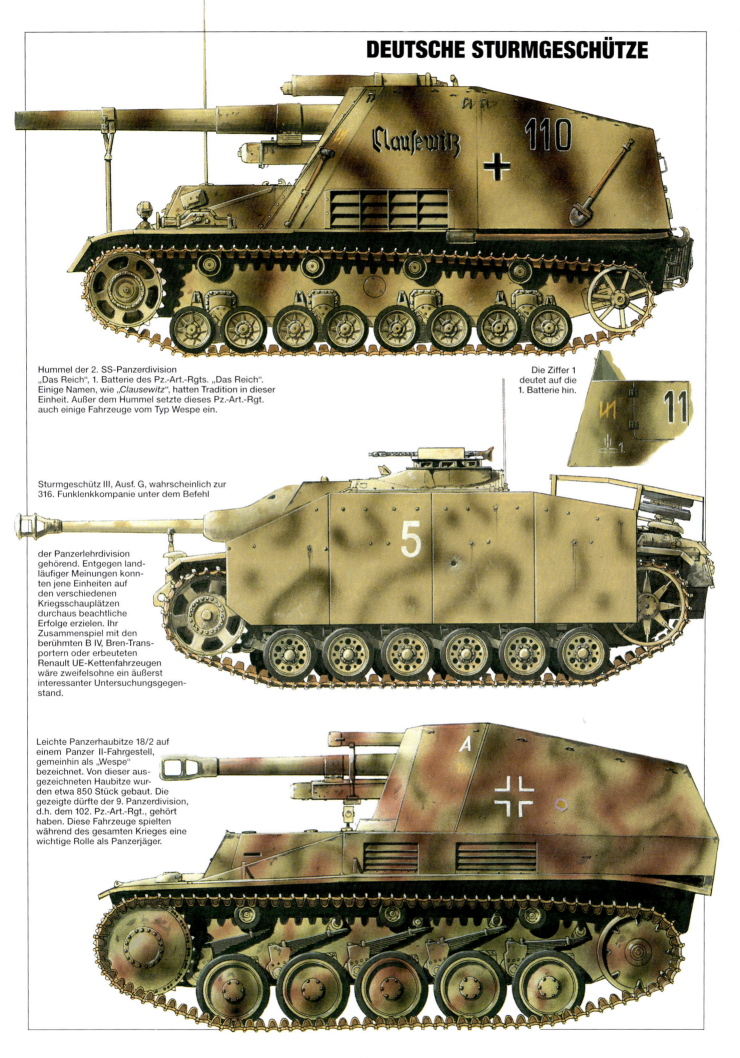

Hummel der 2. SS-Panzerdivision „Das Reich", 1. Batterie des Pz.-Art.-Rgts. „Das Reich". Einige Namen, wie „*Clausewitz*", hatten Tradition in dieser Einheit. Außer dem Hummel setzte dieses Pz.-Art.-Rgt. auch einige Fahrzeuge vom Typ Wespe ein.

Die Ziffer 1 deutet auf die 1. Batterie hin.

Sturmgeschütz III, Ausf. G, wahrscheinlich zur 316. Funklenkkompanie unter dem Befehl der Panzerlehrdivision gehörend. Entgegen landläufiger Meinungen konnten jene Einheiten auf den verschiedenen Kriegsschauplätzen durchaus beachtliche Erfolge erzielen. Ihr Zusammenspiel mit den berühmten B IV, Bren-Transportern oder erbeuteten Renault UE-Kettenfahrzeugen wäre zweifelsohne ein äußerst interessanter Untersuchungsgegenstand.

Leichte Panzerhaubitze 18/2 auf einem Panzer II-Fahrgestell, gemeinhin als „Wespe" bezeichnet. Von dieser ausgezeichneten Haubitze wurden etwa 850 Stück gebaut. Die gezeigte dürfte der 9. Panzerdivision, d.h. dem 102. Pz.-Art.-Rgt., gehört haben. Diese Fahrzeuge spielten während des gesamten Krieges eine wichtige Rolle als Panzerjäger.

DEUTSCHE PANZERKAMPFWAGEN UND ARTILLERIETECHNIK

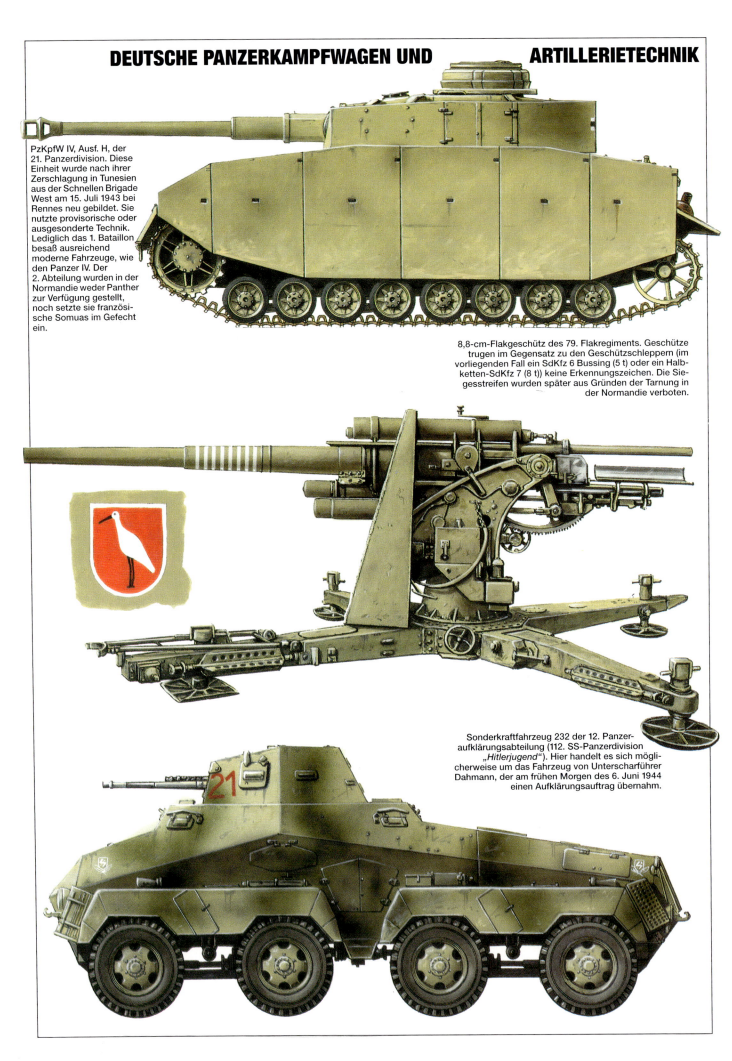

PzKpfW IV, Ausf. H, der 21. Panzerdivision. Diese Einheit wurde nach ihrer Zerschlagung in Tunesien aus der Schnellen Brigade West am 15. Juli 1943 bei Rennes neu gebildet. Sie nutzte provisorische oder ausgesonderte Technik. Lediglich das 1. Bataillon besaß ausreichend moderne Fahrzeuge, wie den Panzer IV. Der 2. Abteilung wurden in der Normandie weder Panther zur Verfügung gestellt, noch setzte sie französische Somuas im Gefecht ein.

8,8-cm-Flakgeschütz des 79. Flakregiments. Geschütze trugen im Gegensatz zu den Geschützschleppern (im vorliegenden Fall ein SdKfz 6 Bussing (5 t) oder ein Halbketten-SdKfz 7 (8 t)) keine Erkennungszeichen. Die Siegesstreifen wurden später aus Gründen der Tarnung in der Normandie verboten.

Sonderkraftfahrzeug 232 der 12. Panzeraufklärungsabteilung (112. SS-Panzerdivision „Hitlerjugend"). Hier handelt es sich möglicherweise um das Fahrzeug von Unterscharführer Dahmann, der am frühen Morgen des 6. Juni 1944 einen Aufklärungsauftrag übernahm.

DAS STURMGESCHÜTZ III UND DIE PANZERHAUBITZE H 42

StuG III 40 der 341. Sturmgeschützbrigade, dessen erste Gefechte am 31. Juli 1944 in der Gegend von Avranches-Brécey stattfanden. Nach zweimaliger Umstrukturierung verlor die Einheit gegen Ende des Normandiefeldzuges sämtliche StuG bei Luftangriffen der Alliierten. Bei dem gezeigten Fahrzeug stammt die rückseitige Panzerung von einem anderen Fahrzeug.

StuG III 40 der 2. Abt., 22. Pz.-Rgt. (21. Pz.-Div.). Neben der 1. und 2. Panzerabteilung der 12. SS-Division „Hitlerjugend" waren bei den Kämpfen im Gebiet Grainville-Marcelet-Mouen am 26. Juni 1944 zwei Sturmgeschützkompanien im Einsatz.

StuH 42 (SdKfz 142/2) der 2. Kompanie, 394. Sturmgeschützbrigade, bei Kämpfen in der Vire-Region. Das Fahrzeug trägt eine 10,5-cm-Haubitze L 28.

DER JAGDPANZER IV UND DAS STURMGESCHÜTZ IV

Jagdpanzer IV, Ausf. F (SdKfz 162) der 1. Kompanie, 12. SS-Panzerjägerabteilung in den Gefechten bei Cagny-Vimont am 17./18. Juli 1944. Die 1. Kompanie von Obersturmführer Georg Hurdelbrink war gerade am Kriegsschauplatz eingetroffen, die 2. und 3. Kp. sollten später dazustoßen. Am 10. August vernichtete Hurdelbrink vom Hügel Nr. 111 nordwestlich von Rouvres aus allein 11 Panzer. Sieben weitere wurden von einem seiner Unterstellten, Oberscharführer Rudolf Roy, zerstört.

Jagdpanzer IV der 3. Kompanie, 228. Panzerjägerabteilung, 116. Pz.-Div., Juli 1944. Das sandfarbene Fahrzeug wurde grün umgespritzt, da sich die ursprüngliche Farbe zu stark von der Landschaft der Normandie abhob.

Sturmgeschütz IV, wahrscheinlich der 394. StuG-Brigade, in der Vire-Region. Am 6. August 1944 zerstörte deren 3. Batterie 26 Shermans und befreite ein eingeschlossenes Infanteriebataillon. Hingewiesen sei auf das „A" als Zeichen der Batterie im Gegensatz zur „211" der 2. Kompanie *(siehe Sturmhaubitze 42, S. 101).*

SCHWIMMPANZER

Leichtpanzer M3 A3 der 13/18th Hussars bei Brèche d'Hermanville am 6. Juni 1944. Das Fahrzeug besitzt zwei Luftschächte für die Zufuhr frischer bzw. die Ableitung verbrauchter Luft. Die leichten Standardpanzer der Alliierten - M3, A3, A5 - galten wegen ihres 37-mm-LMG und ihrer dünnen Panzerung 1944 als vollständig überholt.

Sherman Duplex Drive des 10. kanadischen Panzerregiments, das im Sektor „Nan" am Juno-Strand landete. Die Einheit unterstützte die Queen's Own Rifles of Canada und das North Shore Regiment.

Beim „Cannon Ball" handelt es sich um einen Sherman M4 des 741. Panzerbataillons, das zusammen mit dem ersten Infanteriesturm am Omaha-Strand an Land ging. Praktisch alle Schwimmpanzer vom Typ Sherman DD dieser Einheit gingen auf See verloren. Schwimmfähigen Fahrzeugen, wie dem gezeigten, erging es nicht viel besser, da sie nacheinander alle von der deutschen Panzerabwehr zerstört wurden.

AMERIKANISCHE UND BRITISCHE PANZER

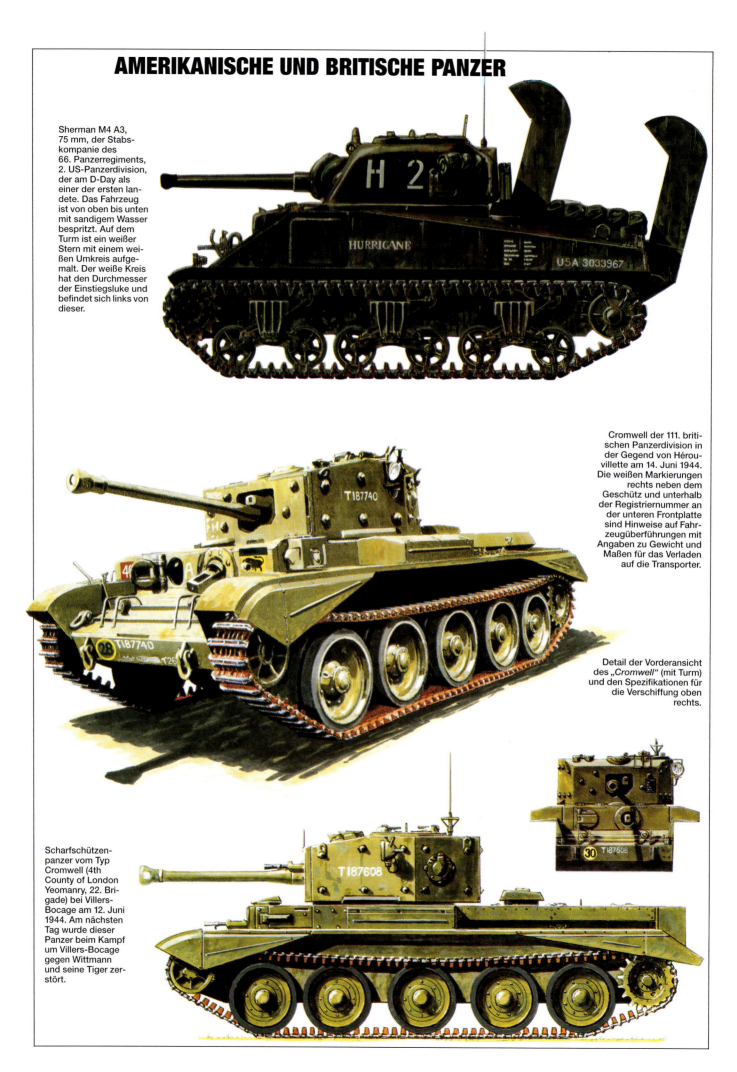

Sherman M4 A3, 75 mm, der Stabskompanie des 66. Panzerregiments, 2. US-Panzerdivision, der am D-Day als einer der ersten landete. Das Fahrzeug ist von oben bis unten mit sandigem Wasser bespritzt. Auf dem Turm ist ein weißer Stern mit einem weißen Umkreis aufgemalt. Der weiße Kreis hat den Durchmesser der Einstiegsluke und befindet sich links von dieser.

Cromwell der 111. britischen Panzerdivision in der Gegend von Hérouvillette am 14. Juni 1944. Die weißen Markierungen rechts neben dem Geschütz und unterhalb der Registriernummer an der unteren Frontplatte sind Hinweise auf Fahrzeugüberführungen mit Angaben zu Gewicht und Maßen für das Verladen auf die Transporter.

Detail der Vorderansicht des „Cromwell" (mit Turm) und den Spezifikationen für die Verschiffung oben rechts.

Scharfschützenpanzer vom Typ Cromwell (4th County of London Yeomanry, 22. Brigade) bei Villers-Bocage am 12. Juni 1944. Am nächsten Tag wurde dieser Panzer beim Kampf um Villers-Bocage gegen Wittmann und seine Tiger zerstört.

GEPANZERTE SPEZIALFAHRZEUGE DER ALLIIERTEN

Sherman Flail („Dreschflegel") der 22nd Dragoons an der britischen Küste. Mit seinem Kettenausleger konnte er eine - wenngleich schmale - Schneise in ein Minenfeld schlagen. Seine Bewaffnung war im Gegensatz zu der seines Vorgängers, dem Matilda Flail, voll funktionsfähig.

Churchill AVRE, Brückenfahrzeug des 5. und 6. Sturmregiments britischer Pioniereinheiten. Es überspannte Gräben und bildete eine Brücke, die Panzer mit dem gleichen Gewicht wie das Fahrzeug selbst überqueren konnten.

Sherman Dozer - eine Kombination aus Kampfpanzer und Pionier-Bulldozer. Bei Sturmangriffen machte er die Strände frei und räumte beim Vormarsch der Alliierten jegliche Hindernisse und zerstörte Ausrüstungsteile aus dem Weg. Ferner verfügten die Sprengtrupps über ungepanzerte Bulldozer, denen das Geschützfeuer der Deutschen jedoch stark zusetzte.

DUKW UND SPEZIALPANZER

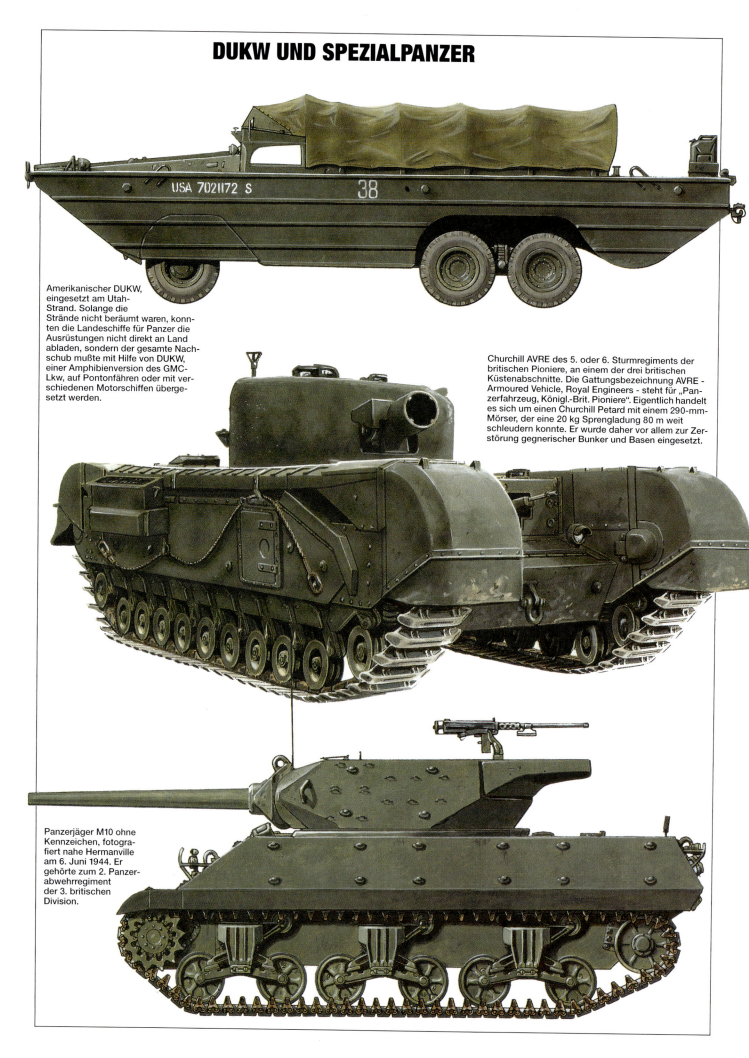

Amerikanischer DUKW, eingesetzt am Utah-Strand. Solange die Strände nicht beräumt waren, konnten die Landeschiffe für Panzer die Ausrüstungen nicht direkt an Land abladen, sondern der gesamte Nachschub mußte mit Hilfe von DUKW, einer Amphibienversion des GMC-Lkw, auf Pontonfähren oder mit verschiedenen Motorschiffen übergesetzt werden.

Churchill AVRE des 5. oder 6. Sturmregiments der britischen Pioniere, an einem der drei britischen Küstenabschnitte. Die Gattungsbezeichnung AVRE - Armoured Vehicle, Royal Engineers - steht für „Panzerfahrzeug, Königl.-Brit. Pioniere". Eigentlich handelt es sich um einen Churchill Petard mit einem 290-mm-Mörser, der eine 20 kg Sprengladung 80 m weit schleudern konnte. Er wurde daher vor allem zur Zerstörung gegnerischer Bunker und Basen eingesetzt.

Panzerjäger M10 ohne Kennzeichen, fotografiert nahe Hermanville am 6. Juni 1944. Er gehörte zum 2. Panzerabwehrregiment der 3. britischen Division.

BRITISCHE PANZER VOM TYP CHURCHILL, CROMWELL UND CHALLENGER

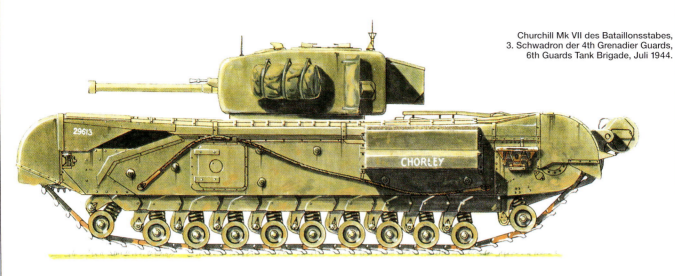

Churchill Mk VII des Bataillonsstabes, 3. Schwadron der 4th Grenadier Guards, 6th Guards Tank Brigade, Juli 1944.

Cromwell Nr. T 187740 der 11. Panzerdivision, 8. Korps, am 14. Juni 1944 nahe Hérouvillette. Das Fahrzeug zeigt Überführungsspuren.

Unten: Challenger der 11. Panzerdivision am 17. Juli 1944 in Flers. Das Dreieck läßt auf die Zugehörigkeit zu einer Schwadron A schließen. In der Normandie kamen nur wenige Challenger zum Einsatz. Das 17-Pfd.-Geschütz für Panzersprengmunition galt überall als die gefährlichste Waffe und übertraf sogar die Kanone des Tiger II. Nur seiner Panzerung ist es zu verdanken, daß der Tiger aus einiger Entfernung gegnerische Panzer mit dieser furchteinflößenden Bewaffnung bekämpfen konnte.

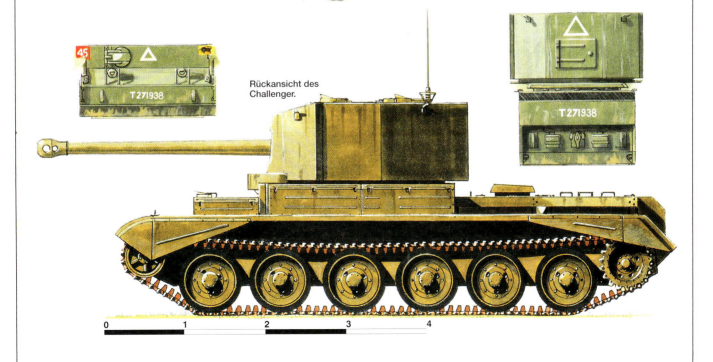

Rückansicht des Challenger.

BRITISCHE PANZER VOM TYP SHERMAN FIREFLY, SHERMAN M4 A3 und ACHILLES

Sherman Firefly der 24th Lancers (1. polnische Panzerdivision) bei Arromanches am 2. August 1944 bei der Landung.

Die Inschrift am seitlichen Rumpf lautet: *DIESES FAHRZEUG IST MIT 1/3 : 2/3 FROSTSCHUTZ-MITTEL AUFGEFÜLLT UND DARF NICHT ENTLEERT WERDEN.*

Achilles, die britische Version des amerikanischen Panzerjägers M10. Er unterschied sich von seinem Vorbild durch ein furchteinflößendes 17-Pfd.-Geschütz. Der gezeigte Panzer gehörte zum 91. Panzerabwehrregiment der brit. Artillerie, das direkt dem 8. Stabkorps unterstellt war.

Sherman M4 A3 des Stabes der 23rd Hussars, 29. Panzerbrigade, 11. britische Panzerdivision, bei Saint-Manvieu.

AMERIKANISCHE UND BRITISCHE PANZER VOM TYP SHERMAN UND STUART M3 A5

Stuart M3 A5 „*Concrete*" der Kompanie C einer nicht identifizierten amerikanischen Einheit. Die unteren Seitenplatten sind entweder verloren gegangen oder wurden entfernt.

Sherman M4 A1 einer nicht identifizierten amerikanischen Einheit. Er trägt beidseitig den Namen „*Sherry*". Die weißen Sterne sind bereits übermalt.

Kanadischer Sherman Firefly, Kompanie B des 27. kanadischen Panzerregiments in der Gegend von Buron am 7. Juni 1944. Dieser Panzer wurde zusammen mit 27 weiteren von den Panzer IV der 5. und 6. Kompanie des 12. deutschen Panzerregiments (12. SS-Division „Hitlerjugend") vernichtet. In diesem Sektor erlitten beide Seiten hohe Verluste.

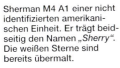

AMERIKANISCHE UND BRITISCHE PANZER

Cromwell der 11. britischen Panzerdivision am 17. Juli 1944 in Flers. Beschriftung und Zahlen wurden mit einem Pinsel hinzugefügt; es handelt sich wahrscheinlich um den Namen der Freundin des Fahrers oder eines Schützen.

Sherman M4 A1 der Kompanie C, 67. Panzerregiment, 2. US-Panzerdivision, mit einem 76-mm-Geschütz. Dieser Panzer, dessen Bewaffnung noch nicht im Gefecht getestet worden war, wurde von den amerikanischen Soldaten nach den ersten Einsatztagen als zufriedenstellend beurteilt. Dreihundert Panzer dieses Typs waren an der Invasion beteiligt.

Sherman M4 A3 der Kompanie H, 66. Panzerregiment, 2. US-Panzerdivision, (s. auch S. 104) zu einem späteren Kriegszeitpunkt. Ziffern und Buchstaben sind nicht mehr sichtbar. In der weiteren Folge wurden braune Tarnstreifen aufgetragen.

BRITISCHE PANZER

Sherman M4 A4 der 2. (gepanzerten) Irish Guards. Für die Seriennummer T 147312 kann keine Gewähr übernommen werden. Dieses Regiment gehörte zur Guards Armoured Division und bestand seine Feuertaufe während der Operation „Goodwood" am 18. Juli 1944.

Dieser Cromwell der 7. Panzerdivision gehörte zur Schwadron A eines unbekannten Regiments. Nach der herben Erfahrung von Villers-Bocage wurden die sog. „Desert Rats" [Wüstenratten] von der Front abgezogen und spielten bei der Operation „Goodwood" nur eine untergeordnete Rolle.

Sherman Firefly der Schwadron C eines Regiments der 11. Panzerdivision während der Operation „Epsom". Mit seinem 17-Pfd.-Geschütz (77 mm, lang) durchschlug der Firefly auch die stärkste deutsche Panzerung.

MITTLERE AMERIKANISCHE PANZER VOM TYP SHERMAN M4

Oben:
M4 A3 mit einem 76-mm-Geschütz ohne Mündungsbremse. Anfangs stießen diese Panzer auf wenig Gegenliebe bei den Besatzungen, aber die Vorurteile wurden schnell abgebaut. Die Panzerjägerbataillone wurden zusätzlich zu den M10 und M36 auch mit diesen neuen Fahrzeugen ausgestattet. Die 7 ist die Nummer des Panzers innerhalb der Kompanie.

Gegenüber: Sherman M4 des 32. Panzerbataillons (3. US-Panzerdivision). Diese Einheit war auch am schwierigen Vorstoß auf Saint-Lô mit Überquerung des Vire Anfang Juli beteiligt. Die weißen Sterne wurden hastig übermalt, um eine bessere Tarnung zu gewährleisten.

M4 A3 einer unbekannten amerikanischen Einheit. Die ursprüngliche olivgrüne Farbe wurde von der Besatzung mit Schlamm verschmiert. Die Truppen nahmen die Verbesserung ihrer Panzer, z.B. die Optimierung der Tarnung oder zusätzlichen Schutz durch Sandsäcke, selbst in die Hand.

FRANZÖSISCHE SHERMAN-PANZER

Drei Shermans des 2. Panzerregiments, einer Einheit innerhalb des Gefechtskommandos 1 unter General Sudre, die ihrerseits wiederum General Montsabert, dem Kommandeur der 3. Algerischen Infanteriedivision [DIA], unterstand. Zusammengefaßt im Groupement du Vigier wurde der Rest der 1. französischen Panzerdivision im Rhône-Tal eingesetzt, während das Gefechtskommando 1 und die 3. DIA Marseille befreiten. 1944 erhielten die Panzer des 2. Panzerregiments Namen französischer Städte, wie „Valenciennes", „Tours" und „Fabert". (Der „Fabert" stand im Dienst der 2. Schwadron des 2. Panzerregiments.)

DER SHERMAN M4 UND DER PANZERJÄGER M10

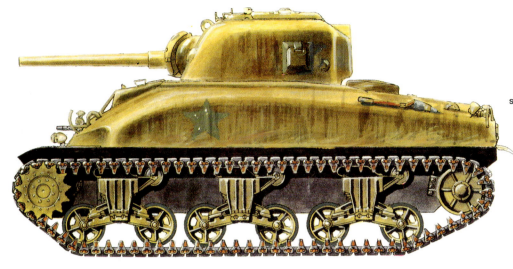

Sherman M4 einer nicht identifizierten Einheit innerhalb der 4. US-Panzerdivision in Pontaubault, Ende Juli 1944. Auch hier sind die Sterne wieder dunkel übermalt.

Panzerjäger M10 des 823. Panzerjägerbataillons, das die 30. US-Infanteriedivision in den Gefechten um Saint-Jean-de-Daye am 11. Juli 1944 unterstützte.

Panzerjäger M10 des 1. Zuges, 2. Bataillon, Gepanzertes Marine-Infanterieregiment [RBFM], der am 12. August 1944 bei Alençon zerstört wurde. Damit gehörte es zu den ersten Verlusten der 2. französischen Pz.-Div.

SHERMAN FIREFLY UND SHERMAN M4 A3

Sherman M4 A3 des 2. Zuges, 3. Schwadron, 1. Afrikanisches Jägerregiment der 2. französischen Pz.-Div. Am 12. Juli 1944 bei Alençon zerstört.

Dieser Sherman M4 A3 mit einem 105-mm-Geschütz gehörte wahrscheinlich zur 4. US-Panzerdivision.

Firefly einer Scharfschützeneinheit (4th County of London Yeomanry, 22. Brigade), 7. Panzerdivision, der am 13. Juni 1944 in Villers-Bocage zerstört oder verlassen wurde.

STUART M3 A3 UND M5 A1, SHERMAN M4 A3

Leichter Panzer M3 A3 der 1. Schwadron, 12. Panzerregiment, 2. französische Panzerdivision, Nr. 420462.

Sherman M4 A3, 2. Zg., Kompanie C, 8. Panzerbataillon, 4. US-Panzerdivision, in der Nähe von Avranches. Die weißen Sterne dieser Panzer wurden später mit Schlamm und Ton überschmiert, da sie vom Gegner leicht sichtbar waren.

Erkennungszeichen der 1. polnischen Panzerdivision: geflügelter Husarenhelm aus dem 17. Jh. (schwere Kavallerie).

Leichter Panzer M5 A1 der 24th Lancers.

10. Panzerbrigade, 1. polnische Panzerdivision, im Kessel von Falaise, August 1944.

PANZER UND PANZERKAMPFWAGEN DER ALLIIERTEN

Oben: Churchill Mk VII einer Selbständigen Panzerbrigade. Diese Ausführung ist mit einem 75-mm-Geschütz bewaffnet, was gegenüber dem Vorgänger (6-Pfd.-Kanone) einen gewaltigen Fortschritt bedeutet. Die runden Ausstiegsluken und der rechteckige Turm sind sichere Erkennungsmerkmale.

Gegenüber: M12 mit 155 mm-Sturmgeschütz, 434. Feldartilleriebataillon, 7. US-Panzerbrigade. Die Geschützlafette vom Typ M12 verwendet ein M3 Lee/Grant-Fahrgestell, wobei der Motor stärker in die Mitte gesetzt wurde, um Platz für die 155-mm-Kanone zu machen.

Unten: Leichter Panzer M5 A1 der US Army mit geräumigem Staubehälter am Heck und „aufgesetzter" Panzerung am Turm. Hingewiesen sei auf den Namen: *„Victory"* [Sieg].

US-PANZERJÄGER VOM TYP M10, 1943-45

Panzerjäger M10 des 899. Panzerjägerbataillons, Tunesien 1943. Als einzige amerikanische Panzerjägereinheit zog sie mit dem M10 ins Gefecht. Das Fahrzeug wies außer dem Stern am Turm keine Kennung auf. Die Panzer der Einheit sollten eine Tarnung in den Farben sand und olivgrün erhalten, die aber nie ausgeführt wurde.

M10 „Richelieu II" des 3. Zuges, 3. Schwadron des RBFM, 2. französische Panzerdivision. Das Fahrzeug überstand den Krieg und nahm am 18. Juni 1945 an der Siegesparade in Paris teil.

Panzerjäger M10 der 6. US-Panzerdivision, wahrscheinlich 691. Panzerjägerbataillon, in der Gegend von Karlsruhe, Ende 1944/Anfang 1945. Das Fahrzeug trägt einen großen Stern auf der Frontplatte (siehe kleines Bild oben), was darauf hindeuten könnte, daß es zu einer Einheit gehörte, die erst kurz zuvor an die Front geschickt worden war.

PANZERJÄGER DER ALLIIERTEN

Achilles einer unbekannten britischen Armee-Einheit. Laut Erkennungszeichen *(siehe gegenüber)* scheint es sich um eine Panzerabwehrtruppe zu handeln. Von Interesse sind die zusätzliche Panzerung der Vorderseite (30 mm), die den M10 unverletzbarer machen sollte, und das Fehlen von Scheinwerfern. Einige dieser Fahrzeuge wurden zerstört oder von der 2. deutschen Panzerdivision erbeutet.

Achilles der 2. britischen Armee im Juni 1944. Durch sein 17-Pfd.-Geschütz erwies sich der Achilles in bezug auf die Feuerkraft als besserer Panzerjäger als der amerikanische M10. Andererseits besaß er nur eine dünne Panzerung. Beim Achilles waren alle Geschütze mit einem Gegengewicht ausgerüstet.

Unten: M10 des 612. US-Panzerjägerbataillons im Juli 1944. Hier handelt es sich um das 18. Fahrzeug einer Kompanie A. Die Einheit gehörte zur 1. Armee; die 3. Armee wurde erst nach dem Durchbruch am 25. Juli in Marsch gesetzt.

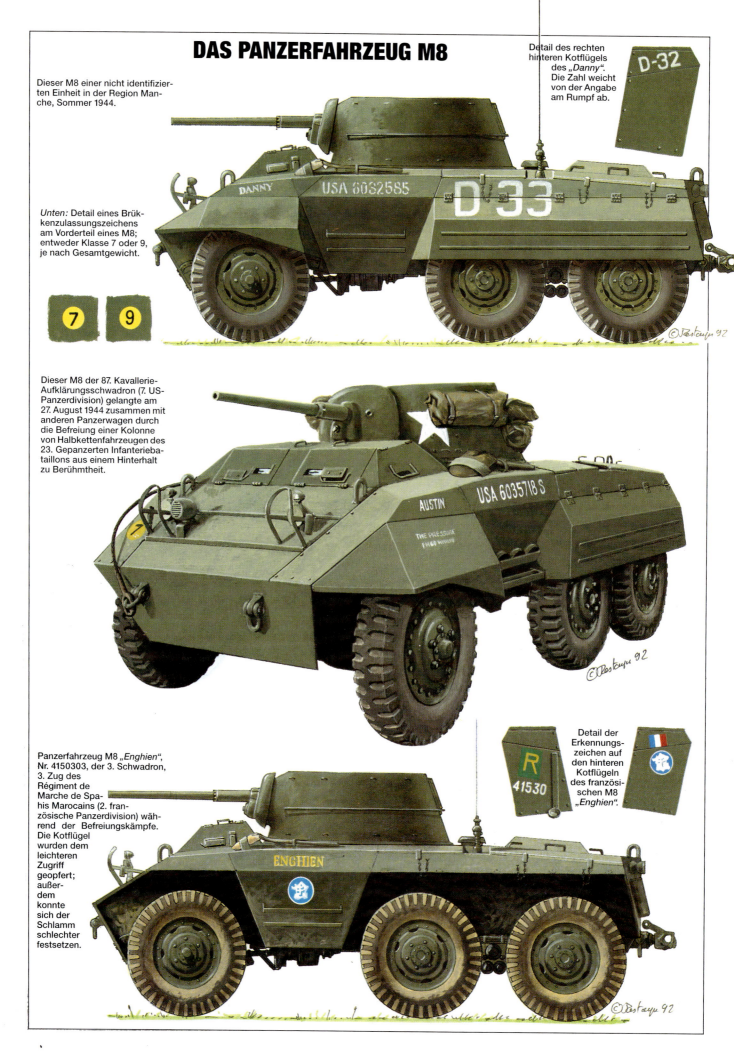

DAS PANZERFAHRZEUG M8

Dieser M8 einer nicht identifizierten Einheit in der Region Manche, Sommer 1944.

Detail des rechten hinteren Kotflügels des „Danny". Die Zahl weicht von der Angabe am Rumpf ab.

Unten: Detail eines Brückenzulassungszeichens am Vorderteil eines M8; entweder Klasse 7 oder 9, je nach Gesamtgewicht.

Dieser M8 der 87. Kavallerie-Aufklärungsschwadron (7. US-Panzerdivision) gelangte am 27. August 1944 zusammen mit anderen Panzerwagen durch die Befreiung einer Kolonne von Halbkettenfahrzeugen des 23. Gepanzerten Infanteriebataillons aus einem Hinterhalt zu Berühmtheit.

Panzerfahrzeug M8 „Enghien", Nr. 4150303, der 3. Schwadron, 3. Zug des Régiment de Marche de Spahis Marocains (2. französische Panzerdivision) während der Befreiungskämpfe. Die Kotflügel wurden dem leichteren Zugriff geopfert; außerdem konnte sich der Schlamm schlechter festsetzen.

Detail der Erkennungszeichen auf den hinteren Kotflügeln des französischen M8 „Enghien".

TRANSPORTFAHRZEUGE DER ALLIIERTEN

Bren-Transporter der 2. Warwickshires (185. Infanteriebrigade, 3. britische Infanteriedivision) währen der Operation „Epsom" im Juli 1944. Der Universaltransporter war sozusagen Mädchen für alles in der britischen Armee und wurde teilweise auch von der Wehrmacht in Nordafrika oder Italien eingesetzt.

Ein GMC-Lkw des Red Ball Express. Die Aufschriften auf der Stoßstange weisen ihn als Fahrzeug der 37. Lkw-Kompanie, 3549. Bataillon des Transportkorps, 1. Armee aus. Das MG war im Gefecht sicher brauchbar, aber die Fahrer konnten es gar nicht einsetzen, da die Luftwaffe nicht mehr in der Lage war, wirkungsvolle Luftangriffe auf den Brückenkopf zu fliegen.

Unten: Halbkettenfahrzeug der 5. Panzerdivision, 6. Fahrzeug der Kompanie D. Die kleinen Bilder zeigen die Aufschriften der Stoßstangen sowie eine abgewandelte Ausführung für ein Fahrzeug des 15. Gepanzerten Infanteriebataillons, Kompanie B (18. Fahrzeug).

1944–45
DAS ENDE DES III. REICHS

PANZER UND PANZERJÄGER

PzKpfW IV, Ausf. H, der 2. Abteilung, 9. Panzerdivision im Harz, April 1945. Am 26. April 1945 wurde die Division nach 68 Gefechtsmonaten aufgelöst. Die schwarzen Ziffern mit weißem Rand wurden offensichtlich aus Gründen der Tarnung ocker oder sandgelb übermalt. Der Panzer IV blieb bis zum Kriegsende ein ernst zu nehmender Gegner.

Tiger II der 502. Schwere Panzerabteilung in der Eifel. Diese Überbleibsel aus der Ardennen-Offensive kämpften zunächst meist versprengt in diesem Gebiet, dann in Boxberg und Kyllburg. Das Fahrzeug, dessen Oberfläche nicht mit Zimmerit beschichtet war, trägt eine Hinterhalttarnung.

Panzerjäger 38 (Hetzer) einer eigenständigen Panzerjägerabteilung. Diese Einheiten bestanden aus zwei Kompanien mit jeweils 17 Fahrzeugen und 5 Hetzern für den Stab. Die äußerst zuverlässigen Hetzer wurden von den Streitkräften der Schweiz und Schwedens auch nach dem Krieg noch eingesetzt. Hingewiesen sei auf das Fehlen sämtlicher Hoheitszeichen an diesem Modell.

PANTHER UND JAGDPANTHER IM KAMPF GEGEN GROSSBRITANNIEN

Panther, Ausf. G, der 1. Abteilung, 11. Panzerdivision in der Nähe von Reichenbach Mitte April 1945. Mit dem Frühling bot sich wieder die Möglichkeit, Zweige mit frischem Grün als Tarnung vor den damals noch immer andauernden Luftangriffen zu benutzen. Am 7./8. März 1945 verfügte die 11. Panzerdivision nur noch über 25 einsatzbereite Panzer.

Panther, Ausf. G, der 1. Abteilung, 116. Panzerdivision mit einer Hinterhalttarnung, die häufig gegen Kriegsende verwendet wurde. Es kam nicht selten vor, daß unerfahrene Besatzungen mit Panthern oder gar Jagdpanthern und Jagdtigern hantierten, während die Kriegsveteranen mit PzKpfW IV und Sturmgeschützen wahre Wunder vollbringen sollten. Diese Fehlentscheidungen waren typisch für die Kommandostrategie der Wehrmacht in dieser Phase. Man glaubte, mangelnde Erfahrung durch gute Ausrüstung ausgleichen zu können.

Jagdpanther der 3. Kompanie, 1. Abteilung, 130. Panzerlehrregiment. Im Februar 1945 setzte diese Einheit Jagdpanther innerhalb ihrer 3. Kompanie ein. Die 1. und 2. Kompanie verwendete im Gegensatz dazu Panther. Gegen Ende des Krieges nahm die Zahl von Sturmgeschützen im Vergleich mit den Panzern zu.

DEUTSCHE PANZERJÄGER

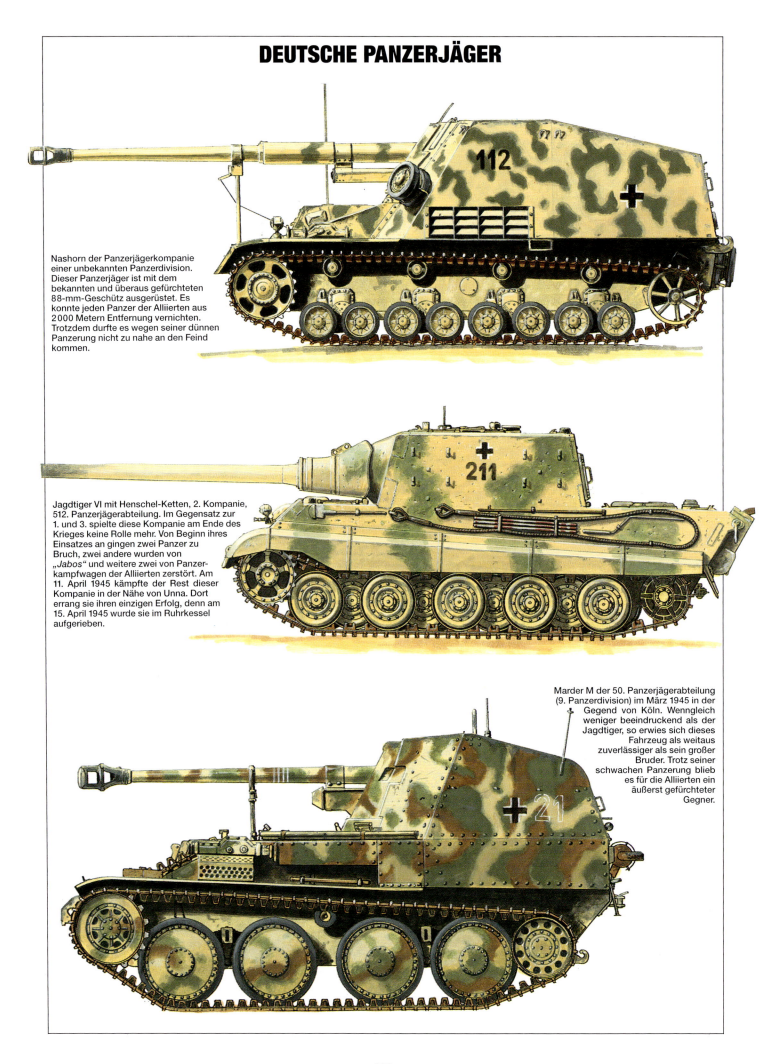

Nashorn der Panzerjägerkompanie einer unbekannten Panzerdivision. Dieser Panzerjäger ist mit dem bekannten und überaus gefürchteten 88-mm-Geschütz ausgerüstet. Es konnte jeden Panzer der Alliierten aus 2000 Metern Entfernung vernichten. Trotzdem durfte es wegen seiner dünnen Panzerung nicht zu nahe an den Feind kommen.

Jagdtiger VI mit Henschel-Ketten, 2. Kompanie, 512. Panzerjägerabteilung. Im Gegensatz zur 1. und 3. spielte diese Kompanie am Ende des Krieges keine Rolle mehr. Von Beginn ihres Einsatzes an gingen zwei Panzer zu Bruch, zwei andere wurden von „Jabos" und weitere zwei von Panzerkampfwagen der Alliierten zerstört. Am 11. April 1945 kämpfte der Rest dieser Kompanie in der Nähe von Unna. Dort errang sie ihren einzigen Erfolg, denn am 15. April 1945 wurde sie im Ruhrkessel aufgerieben.

Marder M der 50. Panzerjägerabteilung (9. Panzerdivision) im März 1945 in der Gegend von Köln. Wenngleich weniger beeindruckend als der Jagdtiger, so erwies sich dieses Fahrzeug als weitaus zuverlässiger als sein großer Bruder. Trotz seiner schwachen Panzerung blieb es für die Alliierten ein äußerst gefürchteter Gegner.

STURMGESCHÜTZE UND PANZERJÄGER

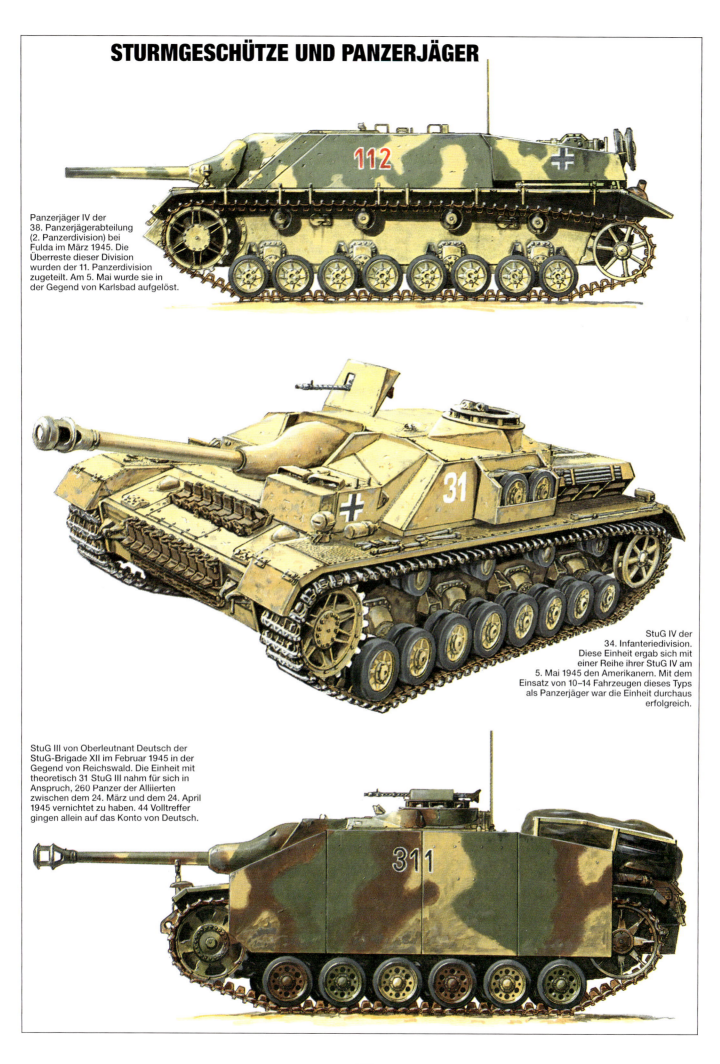

Panzerjäger IV der 38. Panzerjägerabteilung (2. Panzerdivision) bei Fulda im März 1945. Die Überreste dieser Division wurden der 11. Panzerdivision zugeteilt. Am 5. Mai wurde sie in der Gegend von Karlsbad aufgelöst.

StuG IV der 34. Infanteriedivision. Diese Einheit ergab sich mit einer Reihe ihrer StuG IV am 5. Mai 1945 den Amerikanern. Mit dem Einsatz von 10–14 Fahrzeugen dieses Typs als Panzerjäger war die Einheit durchaus erfolgreich.

StuG III von Oberleutnant Deutsch der StuG-Brigade XII im Februar 1945 in der Gegend von Reichswald. Die Einheit mit theoretisch 31 StuG III nahm für sich in Anspruch, 260 Panzer der Alliierten zwischen dem 24. März und dem 24. April 1945 vernichtet zu haben. 44 Volltreffer gingen allein auf das Konto von Deutsch.

DEUTSCHE PANZERJÄGER

Panzerjäger Hetzer mit dem Fahrgestell eines Panzer 38 (t). Das Fahrzeug gehörte zur Panzerjägerabteilung von Oberstleutnant Schulz, die sich in der Schlacht von Königsbach im April 1945 einen Namen machte.

Sturmgeschütz einer unbekannten Volksgrenadierdivision bei der Verteidigung von Pforzheim im April 1945.

Jagdtiger der 1. Kompanie der 653. Panzerjägerabteilung unter dem Kommando von Major Fromme am Rhein in der Nähe von Hockenheim. Die taktische Zahl selbst ist im Gegensatz zu ihrer Position und Farbe nicht verbürgt.

DEUTSCHE PANZERJÄGER UND SELBSTFAHRGESCHÜTZE

Sturmtiger der 1000. Kompanie des Artillerieregiments einer Wehrmachtsdivision, wahrscheinlich 16. Volksgrenadierdivision. Diese Giganten zogen im Gefecht häufig den kürzeren, und die meisten von ihnen wurden von ihren Besatzungen zurückgelassen.

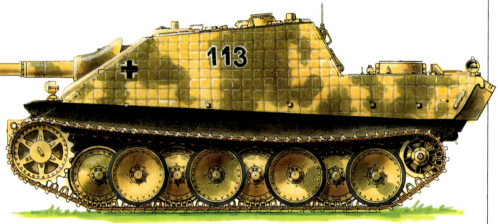

Jagdpanther V der 654. Panzerjägerabteilung. Diese teilweise im Elsaß, teilweise in Deutschland stationierte Einheit kämpfte monatelang gegen die 1. Französische Armee. Hingewiesen sei auf die charakteristische Zimmerit-Struktur.

Nashorn einer nicht identifizierten Schweren Heeres-Panzerabteilung. Das Fahrzeug besaß ein 88-mm-Geschütz und ein Panzer-IV-Fahrgestell.

FRANZÖSISCHE UND DEUTSCHE PANZER

PzKpfW IV, Ausf. H, der 106. Panzerbrigade „Feldherrnhalle" oder eines Panzerbataillons einer Panzergrenadierdivision.

M3 A3 der 5. französischen Panzerdivision bei der Einnahme von Karlsruhe. Der Panzer trägt die Erkennungszeichen der Division, jedoch nicht deren Motto „France d'abord" [Frankreich zuerst]. Hingewiesen sei auf die Verwendung von Kettengliedern zur Verstärkung der Turmpanzerung.

Einer der letzten Panther der 106. Panzerbrigade „Feldherrnhalle" Ende März 1945 nördlich des Elsaß. Dieser Panzer ohne Zimmerit-Verkleidung bzw. -Tarnung war zweifelsohne fabrikneu.

SHERMAN M4 DER 2. FRANZÖSISCHEN PANZERDIVISION

Der „Romilly", ein M4 A3 der 2. Kompanie des 501. RCC, Registriernummer 420 613. Dieser Panzer ist vor allem durch seinen Durchbruch nach Paris in der Nacht vom 24. zum 25. August 1944 zusammen mit dem „Champaubert" und dem „Montmirail" bekannt geworden.

Der „Reims II", ein M4 A3 des 2. Zuges, 2. Schwadron, 12. Panzerregiment.

Der „Flandres", ein Sherman M4 A3 mit einem Turm für ein 76-mm-Geschütz M1 A1. Er gehörte zum 12. französischen Afrika-Jägerregiment [RCA].

PANZER UND PANZERJÄGER DER 2. FRANZÖSISCHEN PANZERDIVISION

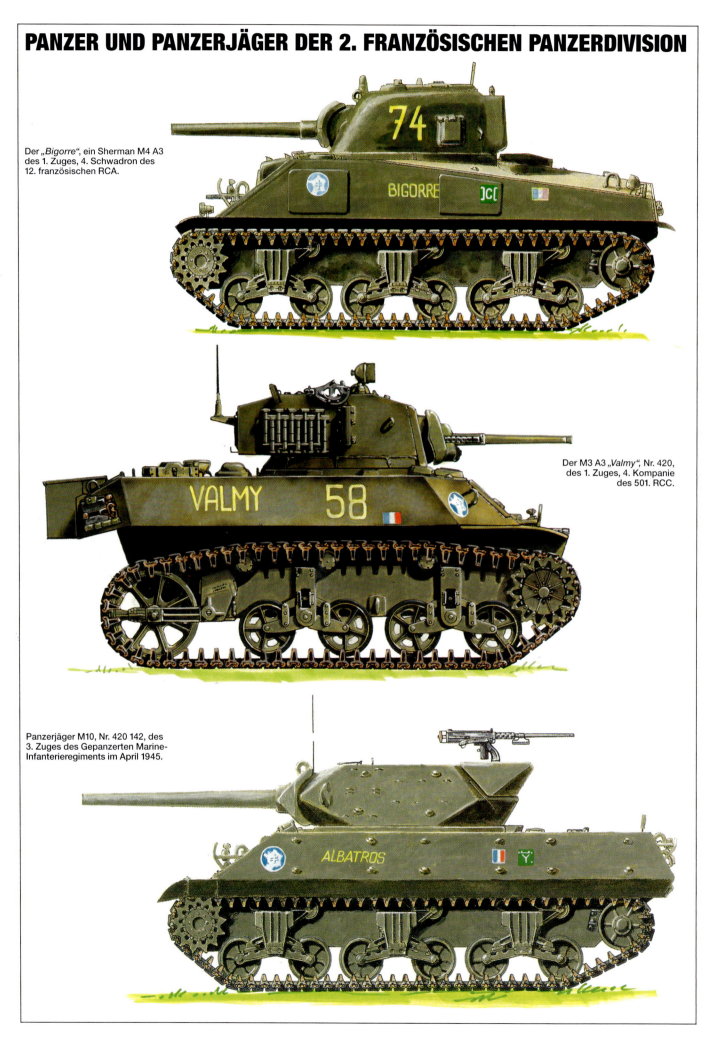

Der „*Bigorre*", ein Sherman M4 A3 des 1. Zuges, 4. Schwadron des 12. französischen RCA.

Der M3 A3 „*Valmy*", Nr. 420, des 1. Zuges, 4. Kompanie des 501. RCC.

Panzerjäger M10, Nr. 420 142, des 3. Zuges des Gepanzerten Marine-Infanterieregiments im April 1945.

PANZERFAHRZEUGE DER 2. FRANZÖSISCHEN PANZERDIVISION

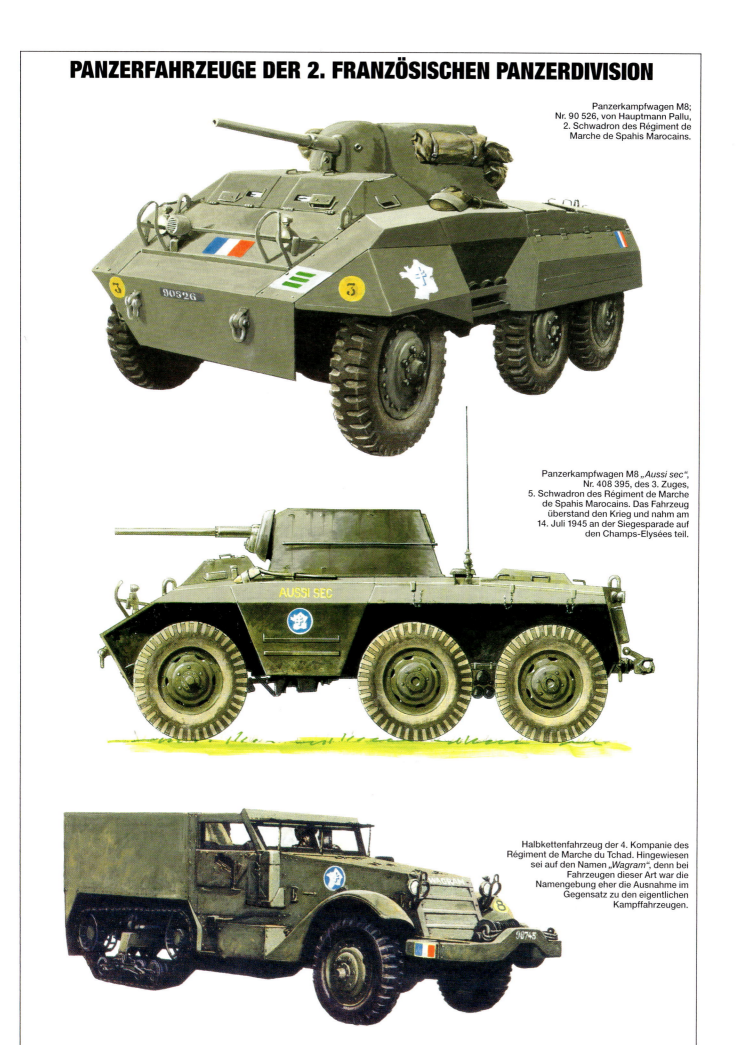

Panzerkampfwagen M8; Nr. 90 526, von Hauptmann Pallu, 2. Schwadron des Régiment de Marche de Spahis Marocains.

Panzerkampfwagen M8 „Aussi sec", Nr. 408 395, des 3. Zuges, 5. Schwadron des Régiment de Marche de Spahis Marocains. Das Fahrzeug überstand den Krieg und nahm am 14. Juli 1945 an der Siegesparade auf den Champs-Elysées teil.

Halbkettenfahrzeug der 4. Kompanie des Régiment de Marche du Tchad. Hingewiesen sei auf den Namen „Wagram", denn bei Fahrzeugen dieser Art war die Namengebung eher die Ausnahme im Gegensatz zu den eigentlichen Kampffahrzeugen.

PANZER UND PANZERFAHRZEUGE DER 5. FRANZÖSISCHEN PANZERDIVISION

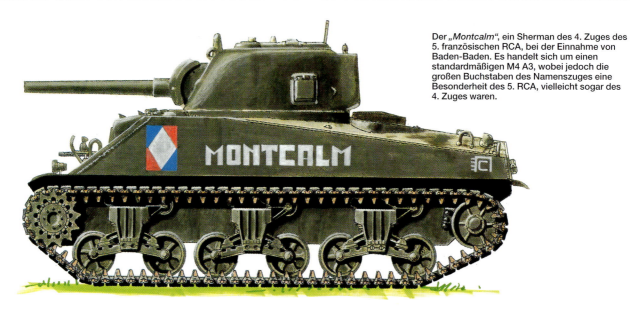

Der „*Montcalm*", ein Sherman des 4. Zuges des 5. französischen RCA, bei der Einnahme von Baden-Baden. Es handelt sich um einen standardmäßigen M4 A3, wobei jedoch die großen Buchstaben des Namenszuges eine Besonderheit des 5. RCA, vielleicht sogar des 4. Zuges waren.

Panzerjäger M10 des 7. RCA. Im Gegensatz zu vielen M10 der 1. Französischen Armee trägt dieses Fahrzeug eine französische Registriernummer und ein Lothringer Kreuz.

Halbkettenfahrzeug der 5. Panzerdivision, 6. Gefechtskommando, bei ersten Angriff auf Breitenholz am 19. April 1945.

SHERMAN M4 DER 5. FRANZÖSISCHEN PANZERDIVISION

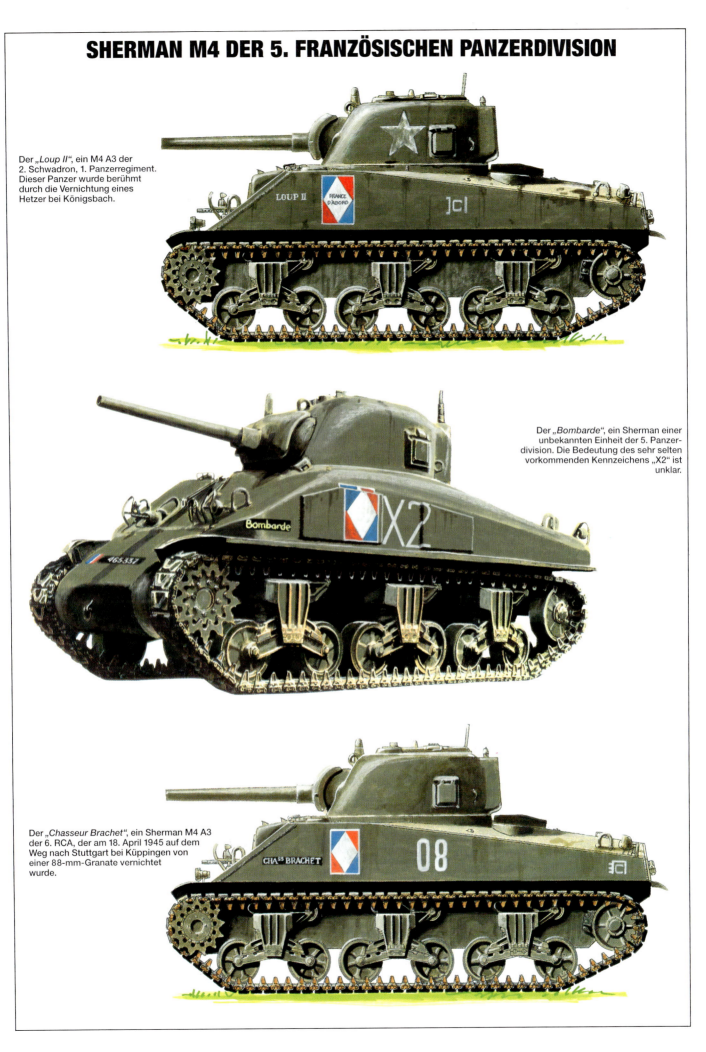

Der „*Loup II*", ein M4 A3 der 2. Schwadron, 1. Panzerregiment. Dieser Panzer wurde berühmt durch die Vernichtung eines Hetzer bei Königsbach.

Der „*Bombarde*", ein Sherman einer unbekannten Einheit der 5. Panzerdivision. Die Bedeutung des sehr selten vorkommenden Kennzeichens „X2" ist unklar.

Der „*Chasseur Brachet*", ein Sherman M4 A3 der 6. RCA, der am 18. April 1945 auf dem Weg nach Stuttgart bei Küppingen von einer 88-mm-Granate vernichtet wurde.

PANZERFAHRZEUGE UND PANZER DER ALLIIERTEN

Halbkettenfahrzeug der 14. US-Panzerdivision, das im November in der Gegend von Bare gesichtet wurde. Fahrzeuge dieser Art gehörten zur Stammausrüstung einer Panzerabwehreinheit. Der Name „*Baby Bastard N° 1*" ist auf einer Großaufnahme erkennbar. Für die Seriennummer kann allerdings keine Gewähr übernommen werden.

Selbstfahrhaubitze M8 des 3. RCA in den Kämpfen am Rhein südlich von Rosenau.

Panzerjäger M10 des 9. RCA beim Durchbruch bei Belfort. Wegen ungünstiger Wetterverhältnisse mußte der Rumpf des Fahrzeugs zur besseren Tarnung in der schneebedeckten Landschaft grob weiß überpinselt werden.

AMERIKANISCHE AUFKLÄRUNGS- UND PANZERFAHRZEUGE

Panzerkampfwagen M8 der 92. Kavallerie-Aufklärungsschwadron, 12. US-Panzerdivision. Hier im Bild das 8. Fahrzeug des Befehlszuges.

Beim 6. Fahrzeug einer Kompanie A der 12. US-Panzerdivision handelte es sich wahrscheinlich um einen M4 A3, obwohl sich dies wegen der Dreiviertelperspektive nicht mit Bestimmtheit sagen läßt.

Sherman M4 A3 (76-mm-Geschütz) der 14. US-Panzerdivision. Kennzeichen am Geschützlauf waren nur in der 12. und in geringerem Umfang auch in der 14. US-Panzerdivision üblich. Bei diesem Panzer handelt es sich um das 2. Fahrzeug einer Kompanie B, 25. Panzerbataillon.

FAHRZEUGE UND PANZERTECHNIK DER 2. FRANZÖSISCHEN PANZERDIVISION

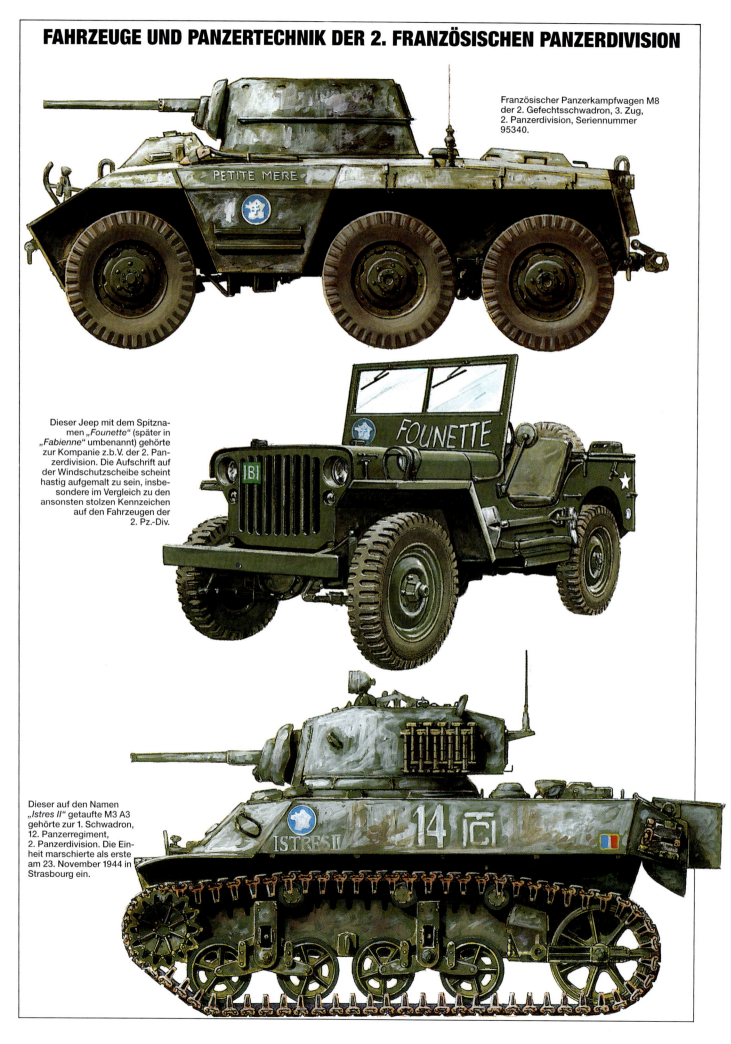

Französischer Panzerkampfwagen M8 der 2. Gefechtsschwadron, 3. Zug, 2. Panzerdivision, Seriennummer 95340.

Dieser Jeep mit dem Spitznamen „Founette" (später in „Fabienne" umbenannt) gehörte zur Kompanie z.b.V. der 2. Panzerdivision. Die Aufschrift auf der Windschutzscheibe scheint hastig aufgemalt zu sein, insbesondere im Vergleich zu den ansonsten stolzen Kennzeichen auf den Fahrzeugen der 2. Pz.-Div.

Dieser auf den Namen „Istres II" getaufte M3 A3 gehörte zur 1. Schwadron, 12. Panzerregiment, 2. Panzerdivision. Die Einheit marschierte als erste am 23. November 1944 in Strasbourg ein.

AMERIKANISCHE PANZER MIT FRANZÖSISCHEN HOHEITSZEICHEN

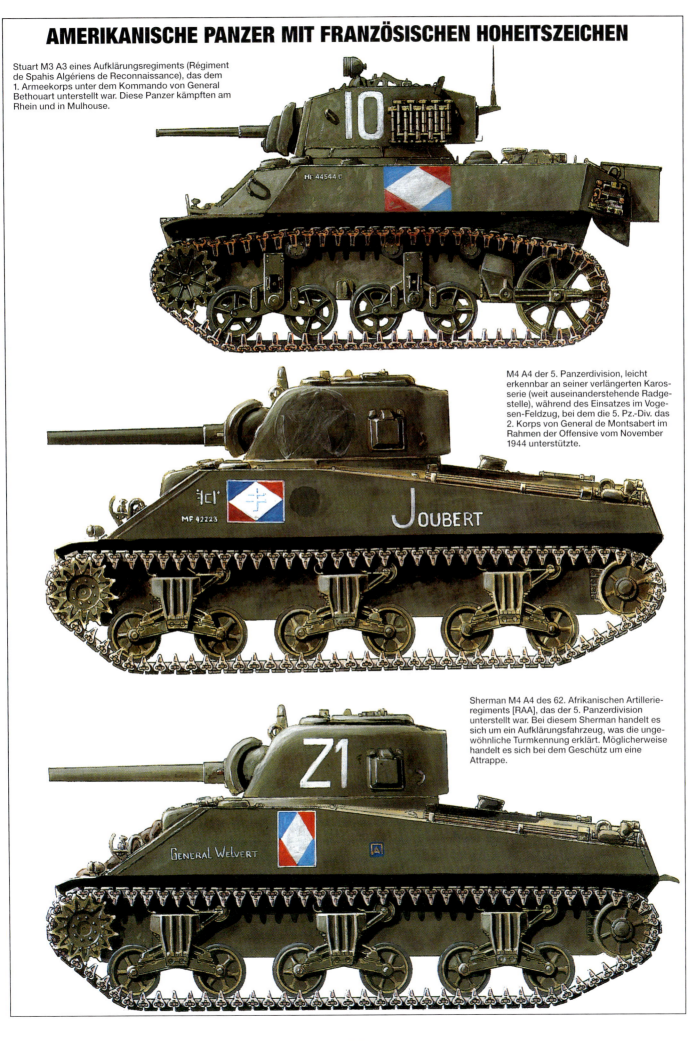

Stuart M3 A3 eines Aufklärungsregiments (Régiment de Spahis Algériens de Reconnaissance), das dem 1. Armeekorps unter dem Kommando von General Bethouart unterstellt war. Diese Panzer kämpften am Rhein und in Mulhouse.

M4 A4 der 5. Panzerdivision, leicht erkennbar an seiner verlängerten Karosserie (weit auseinanderstehende Radgestelle), während des Einsatzes im Vogesen-Feldzug, bei dem die 5. Pz.-Div. das 2. Korps von General de Montsabert im Rahmen der Offensive vom November 1944 unterstützte.

Sherman M4 A4 des 62. Afrikanischen Artillerieregiments [RAA], das der 5. Panzerdivision unterstellt war. Bei diesem Sherman handelt es sich um ein Aufklärungsfahrzeug, was die ungewöhnliche Turmkennung erklärt. Möglicherweise handelt es sich bei dem Geschütz um eine Attrappe.

BRITISCHE PANZER

Sherman Firefly der 11. Panzerdivision während der Operation „*Plunder*" Anfang April 1945. Die Zahl 51 auf rotem Untergrund ist ein Code für die Bewaffnung und die Art der Einheit, zu der das Fahrzeug gehörte. Hier handelt es sich um einen Panzer des 1. Panzerregiments einer Panzerformation (23rd Hussars).

Churchill der 34. Selbständigen Panzerbrigade im April 1945, welche das 6. Bataillon „The Royal Welsh Fusiliers" (53. Division „Wessex") bei der Operation „*Veritable*" unterstützen sollte. Allerdings blieben die Churchills aufgrund ihres hohen Gewichts recht bald im aufgeweichten Gelände stecken, so daß sie eine untergeordnete Rolle in den Kämpfen spielten.

Cromwell der Guards Armoured Division bei Xanten im März 1945. Die „52" *(links)* bedeutet, daß der Panzer zum zweiten Regiment der Panzerbrigade einer Division – der 1st Coldstream Guards – gehörte. In den letzten Kriegswochen wurden zahlreiche Cromwells durch die nachfolgende Generation, den Comet, ersetzt. „Das stets wachsame Auge" als Erkennungszeichen der Division ist links dargestellt.

LEICHTE PANZER UND PANZERJÄGER DER AMERIKANER

Leichter Panzer Chaffee M24 der Kompanie D, 80. Panzerbataillon, 8. US-Panzerdivision im Harz, April 1945. Sein 75-mm-Geschütz, das auch bei einigen B25-Bombern eingebaut war, hatte nicht die gleiche Durchschlagkraft wie die Kanone der Shermans. Andererseits war es den 37-mm-Geschützen der M5 überlegen. Trotz seiner dünnen Panzerung (25 mm) war der M24 ein leistungsfähiger Leichtpanzer.

Unten: Detail der taktischen Zeichen des gezeigten Panzers.

M5 A1 der 12. US-Panzerdivision, Ende März in der Gegend von Germersheim-Würzburg. Die Einheit hatte gerade bei der Öffnung des Wehrmachtskessels im Dreieck Saar-Pfalz mitgekämpft. Diese Aktion wurde häufig als erfolgreichste Operation der Amerikaner während des gesamten Krieges bezeichnet. Bis März 1945 wurde der M5 A1 vollständig aus den Kämpfen zurückgezogen.

Panzerjäger M18 Hellcat der 7. US-Panzerdivision, 636. Panzerjägerbataillon, Kompanie A, in der Gegend von Bonn, März 1945. Zu diesem Zeitpunkt machte die Division die letzten deutschen Verteidigungstruppen entlang des Rheins bei Remagen und Bonn unschädlich. Der Hellcat mit seinem 90-mm-Geschütz und seinem gedrungenen Äußeren erwies sich als ausgezeichneter Panzerjäger, aber das Konzept der Panzerjäger fand 1945 in der US Army wenig Fürsprecher.

Oben: Taktisches Zeichen dieses Panzers im Detail.

SHERMAN M4 DER US-ARMEE

Sherman M4 A3 E8 der 14. US-Panzerdivision, 25. Panzerbataillon, Kompanie C, Ende April 1945 in Eichstätt. Der „Easy 8", wie der Sherman wegen seiner horizontalen Kegelfederaufhängung genannt wurde, war die ausgereifteste Sherman-Ausführung, die im 2. Weltkrieg zum Einsatz gelangte. Trotzdem wurde auch dieses Modell zum Schutz vor Panzerfaust und Panzerschreck der Wehrmacht zusätzlich mit Sandsäcken bewehrt.

M4 A1 „Charly" (76-mm-Geschütz) des 69. Panzerbataillons, 6. Panzerdivision, in der Gegend von Oppenheim am 25. März 1945, als die Division den Rhein überquerte und sich in Richtung Main vorkämpfte. Der Einbau von 76-mm-Geschützen erforderte eine Modifizierung des Turms; die Karosserie des M4 A1 blieb allerdings unverändert.

M4 A3 der 12. US-Panzerdivision, 714. Panzerbataillon, Kompanie D, in der Gegend von Speyer, März 1945. Gegen Ende des Krieges ersetzten neue und besser bewaffnete Versionen schrittweise den M4 A3 innerhalb der Panzerdivisionen. Die Kanone galt anerkanntermaßen als unzureichend zur Bekämpfung deutscher Panzer.

PANZER UND PANZERKAMPFWAGEN DER ALLIIERTEN

Gepanzerter Truppentransporter M3 A1 der 9. US-Panzerdivision, 60. Gepanzertes Infanteriebataillon, Kompanie C, bei Frankfurt im März 1945. Diese Division wurde durch die Einnahme der Ludendorff-Brücke in Remagen am 7. März 1945 bekannt.
Oben: Kennzeichnung an den Stoßdämpfern des Fahrzeugs im Detail.

Unten: Variante an einem Fahrzeug der Kompanie A.

Comet der 11. britischen Panzerdivision in den letzten Kriegswochen.

Der Comet stellte eine verbesserte Version des Cromwell dar mit einem 17-Pfd.-Geschütz (kurz), das von Vickers speziell für den kleinen Turm des neuen Panzers entwickelt worden war. Die ersten dieser Fahrzeuge gelangten im Dezember 1944 in den Ardennen zum Einsatz; 1945 wurde schrittweise auch die 11. Division damit ausgestattet. Der Comet war zweifelsohne der beste britische Panzer des 2. Weltkrieges, der nur leider ziemlich spät kam...

M10 des 701. US-Panzerjägerbataillons, Kompanie C. Die Einheit war der 5. Panzerdivision im April 1945 im Gebiet Tangermünde an der Elbe zugeordnet. Die Amerikaner beschlossen, die Russen hier am Fluß zu erwarten, der eine breites natürliches Hindernis bildete, das man nicht verfehlen konnte. Die beiden Alliierten waren somit gezwungen, sich zu treffen. In den letzten Kriegsmonaten warteten die Besatzungen der M10 ungeduldig auf die Umrüstung mit dem M36 und insbesondere mit dem M18 Hellcat.

Deutsche Erstausgabe
© by Histoire & Collections, Paris
© der deutschsprachigen Ausgabe 1998 by
Weltbild Verlag GmbH, Augsburg
Produktion der deutschsprachigen Ausgabe:
Neumann & Nürnberger, Leipzig
Übersetzung: Uwe Wiesemann, Leipzig
Gesamtherstellung: Offizin Anderson Nexö – ein Betrieb
der INTERDRUCK Graphischer Großbetrieb GmbH
Printed in Germany
ISBN 3-8289-5330-1